学ぶ人は、
変えて
ゆく人だ。

目の前にある問題はもちろん、
人生の問いや、
社会の課題を自ら見つけ、
挑み続けるために、人は学ぶ。
「学び」で、
少しずつ世界は変えてゆける。
いつでも、どこでも、誰でも、
学ぶことができる世の中へ。

旺文社

大学入学
共通テスト
実戦対策問題集

生物

佐野 芳史・山下 翠 共著

旺文社

はじめに

　「大学入学共通テスト」では思考力が問われる。一大事のように感じている人もいるかもしれませんが，実は，ちょっと意識を変えて，少し取り組み方を変えるだけで，克服することができます。

「大学入学共通テスト 生物」で必要になる「思考力」の正体

　「大学入学共通テスト 生物」で必要な思考力は，**読解する力**と**考察する力**に分けられます。そして，それぞれは次のように整理できます。

読解する力

文章を図にできる**スキル**（技術・能力）	／図を文章にできる**スキル**
文章を表にできる**スキル**	／表を文章にできる**スキル**
文章をグラフにできる**スキル**	／グラフを文章にできる**スキル**

考察する力

比較する**スキル**（1つの要因だけが異なる条件設定で比べる）
仮説検証の考え方

この中で特別なのは，仮説検証の考え方だけです。

学習のポイント

　本書で思考力を身につけ高めるために，次のことを守って下さい。
① 1つの問題に時間をたっぷり使う。特に初めて解くときには，わからなくても，答えを見ずに一晩置いて挑戦するくらいの気持ちで。
② 間違えることを気にしない。思考力を身につけ高める学習は，一輪車に乗る練習に似ています。間違えを通して成長するんだと自分に言いましょう。
具体的には
③ 問題文・設問文は隅から隅まで読む。ほんの少しでもわかりにくいと感じたら，紙に書いて文章を整理する（整理の仕方は，図を描く・表をつくる・グラフをつくる など）。
④ うまく整理できない場合は，解答・解説を見るのではなく，教科書の関連分野を読みましょう。
⑤ 表やグラフもすべて見る。表やグラフをわかりにくいと感じたら，条件などを箇条書きにしてみる。

　1問1問，丁寧に解いていけば，本書を終るときには，思考力が身につき高まっているはずです。

佐野　芳史

山下　翠

本書の特長と使い方

　本書は，「大学入学共通テスト　生物」に向けて，考える力を鍛え，問題形式に慣れるための問題集です。

本冊　問題

■ 問題の構成

　生物の範囲を5章に分けました。遺伝子の章はありませんが，各章の問題の中で扱います。第6章では，分野融合の問題を扱っています。

　問題は，読解する力と考察する力を高めるための練習材料としてふさわしい問題を過去の入試から選んであります。共通テストは選択式なので，記述式を選択式に改題したものもあります。

■ ② 解答目標時間

　読解する力と考察する力を高めるには，頭の中で解くのではなく，**紙の上で解くことが必要**です。紙の上に残すことで，自分の思考過程を後から見直すことができます。ですから，できるだけ，自分の手で白紙の上に図を描いたり，表やグラフにまとめたり，あるいは，逆にグラフや表を文にして理解したりしましょう。なので，時間はたっぷり使ってください。解答目標時間は，**最低限それくらいの時間は使って欲しい**という意味で示してあります。

別冊　解答

■ 解答

　解答は答え合わせがしやすいように，冒頭に掲載しました。誤っていた場合，解説を読まずに，もう一度問題に取り組むのも，思考力を鍛える有効な方法です。解説を読んでから解き直すか，解説は後回しにして解き直すか，どちらかの方法で解き直しましょう。

■ 解説

　正解か不正解かが気になると思いますが，解説は，正解した場合も必ず読んでください。解説では，どのように考えを進めるのが良いかを説明してあります。図を描くことや表・グラフをつくることが大切な問題では，その例を示しています。考えるための整理ですから，まったく同じでなくても構いませんが，読解すべきポイントを確認してください。

　POINTとして示したのは，解答する上で「考え方」として着目して欲しいところです。その問題で重要なところだけでなく，一般性が高い考え方も**POINT**として示しています。

も く じ

はじめに …………………………………………………… 3

本書の特長と使い方 ……………………………………… 4

|第 1 章| 細胞・分子・代謝

1 〜 11 ………………………………………… 6

|第 2 章| 生殖と発生

12 〜 19 …………………………………………30

|第 3 章| 動物の環境応答

20 〜 30 …………………………………………49

|第 4 章| 植物の環境応答

31 〜 40 …………………………………………71

|第 5 章| 生態・進化

41 〜 49 …………………………………………94

|第 6 章| 総合問題

50 〜 52 ………………………………………… 115

解答・解説は別冊です。

※問題は，共通テストの出題形式に合わせて適宜改題してあります。

編集担当：小平雅子

紙面デザイン：内津剛（及川真咲デザイン事務所）

第 1 章 細胞・分子・代謝

1 受容体と情報伝達

遺伝子ノックアウトや人工的に作った変異タンパク質を用いて，細胞の働きに対するタンパク質の役割を調べることができる。例えば，この手法を用いて免疫担当細胞であるマクロファージの働きを調べることができる。マクロファージは，細菌抗原がマクロファージの細胞膜に存在する受容体タンパク質に結合すると活性化し，食作用や免疫系情報伝達物質の分泌などの免疫応答を示すことが知られている。

図1 細菌抗原Rによるマクロファージ活性化の実験

Sさんは，細菌抗原Rを加えて活性化させたマクロファージ（図1）では，Rの受容体タンパク質Pに細胞質内で別のタンパク質Qが結合していることを発見した。研究ではまず仮説を立て，それを実験により検証するという方法がよくとられる。Sさんは，<u>細菌抗原Rが受容体タンパク質Pに結合すると，受容体タンパク質Pの細胞の内側（細胞質）部分に何らかの変化が生じて，タンパク質Qと結合するようになり，その結果マクロファージが活性化する</u>という仮説を立てた（図2）。

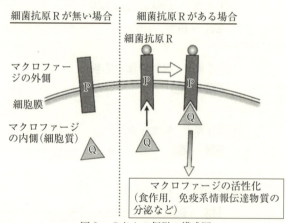

図2 Sさんの仮説の模式図

問1 Sさんは下線部の仮説を検証するために，図1の方法を用いて，次の**実験a〜c**を考えた。**実験a〜c**のうち，仮説を検証するために必要な実験はどれか。また，Sさんの仮説が正しかった場合にどのような結果が予想されるか。実験と結果の組合せとして最も適当なものを，次ページの表から一つ選べ。

実験a 細菌抗原Rを加えていないマクロファージで，受容体タンパク質Pとタンパク質Qが結合しているか調べる。

実験b 細菌抗原Rを加えていないマクロファージから，免疫系情報伝達物質が分泌されているか調べる。

実験 c 細菌抗原 R を加えた形質細胞で，受容体タンパク質 P とタンパク質 Q が結合しているか調べる。

	実験	結　果
①	a	タンパク質 P とタンパク質 Q が結合している。
②	a	タンパク質 P とタンパク質 Q が結合していない。
③	b	免疫系情報伝達物質が分泌されている。
④	b	免疫系情報伝達物質が分泌されていない。
⑤	c	タンパク質 P とタンパク質 Q が結合している。
⑥	c	タンパク質 P とタンパク質 Q が結合していない。

問2 S さんは仮説を検証するために，さらに次の**実験 d〜h** を考えた。**実験 d〜h** のうち，仮説を検証するために必要な実験（3つ）はどれか。また，選んだ実験のうち，S さんの仮説が正しかった場合にマクロファージが活性化される実験はいくつ含まれるか。実験と数の組合せとして最も適当なものを，次ページの表から一つ選べ。

実験 d マクロファージから遺伝子ノックアウトによりタンパク質 Q を欠損させて，細菌抗原 R を加えたときに，そのマクロファージが活性化されるか調べる。

実験 e マクロファージから遺伝子ノックアウトにより受容体タンパク質 P とタンパク質 Q の両方を欠損させて，細菌抗原 R を加えたときにそのマクロファージが活性化されるか調べる。

実験 f マクロファージから遺伝子ノックアウトによりタンパク質 Q を欠損させて，その代わりに受容体タンパク質 P に結合する性質を失った変異タンパク質 Q'（図3(イ)）を作らせ，細菌抗原 R を加えたときに，そのマクロファージが活性化されるか調べる。

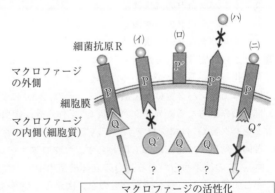

図3　遺伝子操作によって作られた変異タンパク質を用いた実験の模式図

実験 g マクロファージから遺伝子ノックアウトにより受容体タンパク質 P を欠損させて，その代わりに受容体タンパク質 P の細胞の内側（細胞質）部分を欠く変異受容体タンパク質 P'（図3(ロ)）を作らせ，細菌抗原 R を加えたときに，そのマクロファージが活性化さ

8　第1章　細胞・分子・代謝

れるか調べる。

実験 h　マクロファージから遺伝子ノックアウトにより受容体タンパク質 P を欠損させて，その代わりに細菌抗原 R と結合しない変異受容体タンパク質 P″（図3（ハ））を作らせ，細菌抗原 R を加えなくてもそのマクロファージが活性化されているか調べる。

	実　験	マクロファージが活性化される実験
①	e , f , h	0
②	e , f , h	3
③	e , g , h	0
④	e , g , h	0
⑤	d , f , g	3
⑥	d , f , g	0
⑦	d , f , h	3
⑧	d , f , h	0

問3　S さんの仮説で述べられている「受容体タンパク質 P に生じる何らかの変化」として**適当ではないもの**を，次から一つ選べ。
① タンパク質 P の一次構造
② タンパク質 P の二次構造
③ タンパク質 P の三次構造
④ タンパク質 P の四次構造

問4　さらに実験を行った結果，タンパク質 Q の一部分が受容体タンパク質 P との結合を担っていることがわかった。そこで，マクロファージから遺伝子ノックアウトによってタンパク質 Q を欠損させて，その代わりに受容体タンパク質 P と結合する部分のみからなる変異タンパク質 Q″ を作らせ，細菌抗原 R を加えたところ，変異タンパク質 Q″ はマクロファージ内で受容体タンパク質 P に対して，タンパク質 Q と同じ効率で結合したにも関わらず，マクロファージは活性化されなかった（図3（ニ））。この結果からわかる，Q の立体構造の中で，マクロファージの活性化を引き起こす部位として最も適当なものを，次から一つ選べ。
① タンパク質 P と結合する部位
② タンパク質 P と結合する部位以外の部位
③ 細菌抗原 R と結合する部位
④ 細菌抗原 R と結合する部位以外の部位

（阪大・改）

2 酵素

ある種類の酵素とその基質を一定量ずつ含む反応溶液を一定温度に保った後, 生成物の量を測定した。この実験を, 5℃から65℃までの5℃間隔で, 3時間, 10時間, 26時間, 50時間の各反応時間について行った結果, 右の図1に示す結果が得られた。

問1 15℃における反応速度は, 反応時間とともに減少する。その理由として, 次の**仮説A, B**を考えた。

仮説A 反応にともなって基質の濃度が減少するので, 反応速度が減少する。

仮説B 生成物が反応を阻害し, 反応速度が減少する。

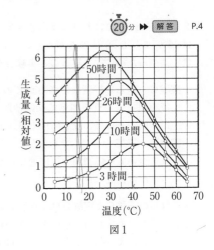
図1

これらの仮説を検証するために, 次の**実験1**と**実験2**を考えた。仮説Aと仮説Bのそれぞれについて, 仮説を検証するために必要な実験はどれか。また, それぞれの仮説が正しかった場合にどのような結果が予想されるか。実験と結果の組合せとして最も適当なものを, 下表からそれぞれ一つずつ選べ。

実験1 反応速度が減少した後に, 再び基質を加え, 反応速度がどのように変化するかを調べる。

実験2 あらかじめ生成物を加えておく対照実験を行い, 反応速度がどのように変化するかを調べる。

結果1 反応速度が上昇した。
結果2 反応速度は変化しなかった。
結果3 反応速度が減少した。

	実 験	結 果
①	実験1	結果1
②	実験1	結果2
③	実験1	結果3
④	実験2	結果1
⑤	実験2	結果2
⑥	実験2	結果3

10　第 1 章　細胞・分子・代謝

問2　15℃ と 50℃ における反応速度は，反応時間とともに減少しており，その減少
は 15℃ よりも 50℃ の方が大きい。その理由として，2 つの仮説を考え，それぞ
れを調べるために次の**実験C**と**実験D**を考案し，結果を予想した。

　　実験C　新しい酵素液であらかじめ 50℃ にいろいろな時間保っておいた各酵素
　　　　液を用い，基質を加えて反応初期の反応速度をそれぞれ調べる。50℃ に保っ
　　　　た時間が長いほど反応時間が低下していれば仮説は正しい。
　　実験D　15℃ と 50℃ であらかじめ生成物を加えておく対照実験を行い，それぞ
　　　　れについて反応初期の反応速度を調べる。15℃ よりも 50℃ の方が低下率が大
　　　　きければ仮説は正しい。

　　これらの**実験C**と**実験D**は，それぞれどのような仮説を確かめるためのものと考
えられるか。最も適当なものを，次からそれぞれ一つずつ選べ。
①　生成物による阻害が 15℃ より 50℃ で大きい。
②　反応にともなう基質の濃度減少が，15℃ より 50℃ で大きい。
③　50℃ では酵素の不活性化が起こり，それが時間とともに増加する。

（お茶の水女大・改）

3 遺伝子重複と突然変異・遺伝

酵素Pは細胞膜を介した物質輸送に関わる酵素のひとつで，ほとんどすべての動物や細菌に見出される。カイコガ幼虫の消化管では，同じ化学反応を触媒する2種類の酵素P（M型酵素，S型酵素）が存在する。これらは，それぞれ形態の異なる2種類の細胞で生産され，分子量や最適pHがやや異なる。

M型酵素の遺伝情報はPm遺伝子が，S型酵素の遺伝情報はPs遺伝子が，それぞれ担っている。両遺伝子はひとつの常染色体上に極めて近接して存在し，いずれも5つのエキソンをもつ（図1）。Pm遺伝子とPs遺伝子はエキソンの塩基配列の類似性も高いことなどから，これら2遺伝子は一つの遺伝子から重複により生じたと考えられる。遺伝子の重複とは，複製の誤りなどによってDNA配列が倍加する現象で，その後はそれぞれが独立の遺伝子としてふるまう。

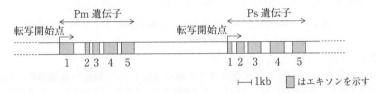

図1　PmおよびPs遺伝子を含むDNA領域

多くのカイコガ個体の酵素Pの活性を調査した結果，片方の酵素活性をもたない突然変異が見つかった。野生型では2つの酵素がともに発現している（この表現型を[M＋，S＋]と表すことにする）のに対し，(a)突然変異体1ではM型酵素の活性が検出できず（[M－，S＋]），(b)突然変異体2ではS型酵素の活性が検出できない（[M＋，S－]）。突然変異体1や突然変異体2は野生型個体同様に生存できる。一方，[M－，S－]表現型のカイコガはこれまで見つかっていないことから，(c)[M－，S－]個体は致死である可能性が高い。

野生型個体，突然変異体1，および突然変異体2の幼虫消化管のmRNAを電気泳動法により調査した。それぞれの幼虫の消化管組織から，Pm遺伝子およびPs遺伝子のmRNAの検出を試みたところ，図2のような結果を得た。

さらに，(d)野生型Ps遺伝子から生産される2種類のmRNAでは，分子量の大きいmRNAはすべてのエキソン配列を含み，分子量の小さいmRNAにはエキソン2の配列がなかった。このことから，(e)野生型Ps遺伝子では，選択的スプライシングが起きていることが推測される。

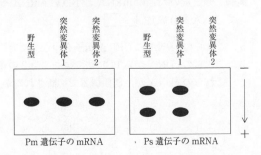

図2　電気泳動によるmRNAの検出

12　第1章　細胞・分子・代謝

問1　下線部(a)に関して，突然変異体1が[M−]である原因の説明として最も適当なものを，次から一つ選べ。

① 突然変異体1のPm遺伝子のエキソン2内に4塩基の挿入があるから。
② 突然変異体1のPs遺伝子のエキソン3と4を含むDNA領域が欠損しているから。
③ 突然変異体1ではDNAポリメラーゼが活性をもたないから。
④ 突然変異体1では生産されたS型酵素が活性をもたないから。

問2　下線部(b)に関して，突然変異体2が[S−]である原因の説明として最も適当なものを，次から一つ選べ。

① 突然変異体2のPs遺伝子のプロモーター領域が欠損しているから。
② 突然変異体2のPs遺伝子の2番目のイントロン内に1塩基の置換があるから。
③ 突然変異体2ではRNAポリメラーゼが活性をもたないから。
④ 突然変異体2では生産されたS型酵素の活性に補酵素を必要とするから。

問3　下線部(c)に関して，「[M−，S−]個体は致死である」という仮説を検証するとき最も適当なものを，次から一つ選べ。

① 突然変異体1の雌と突然変異体2の雄を交配し，F_1個体の各表現型の出現確率が[M+，S+]が75%，[M−，S−]が25%であれば，[M−，S−]個体は致死といえる。
② 仮説が正しければ，突然変異体1の雄と突然変異体2の雌を交配したとき，F_1個体の表現型の出現確率は，[M+，S+]と[M+，S−]と[M−，S+]でいずれも33.3%となるはずだ。
③ 仮説が正しければ，遺伝子組換え技術などを利用して突然変異体2のM型酵素の生産を阻害したとき，このカイコガが致死となる可能性が高い。
④ 遺伝子組換え技術を利用して野生型に正常なPm遺伝子を導入したとき，M型酵素の生産量が2倍に増加すれば，[M−，S−]個体は致死ではない。

問4　下線部(d)と(e)を検証するために，次の**実験**を考えた。下のa〜cのうち，文章中の空欄に適する実験を過不足なく含むものを，下の①〜⑥から一つ選べ。

　実験　分子量の大きいmRNAと小さいmRNAそれぞれに逆転写酵素を作用させてcDNAを作成し，□□□□。

　a．これらのcDNAにGFP遺伝子をつないで発現させ，蛍光の有無を比較する
　b．これらのcDNAからPCR法でエキソン2の領域を増幅して比較する
　c．これらのcDNAが，制限酵素で切断されるかどうかを比較する

① a　　　② b　　　③ c
④ a，b　　⑤ a，c　　⑥ b，c

（京都工繊大・改）

4 薬剤耐性菌の出現

抗生物質を含む培地で大腸菌の集団を培養しても，抵抗性を獲得した一部の菌が生き残ることがある。この薬剤耐性菌の出現は，増殖の過程で突然変異が生じることによる。薬剤耐性菌が出現する条件については，次の2つの仮説がある。

仮説1 抵抗性の突然変異が生じるには，抗生物質との接触が不可欠である。
仮説2 抵抗性の突然変異は，抗生物質との接触がなくても生じる。

どちらの仮説が正しいかを確認するために，図1の手順で実験を行った。薬剤耐性をもたない細菌のクローンを，抗生物質を含まない寒天培地上(薬剤非投与培地1)にまき培養すると，翌日，多数のコロニーが形成された。次にこれと同じ位置に同一コロニー由来のコロニーがつくられるように，底面に布を張った円筒をこの細菌の培養された薬剤非投与培地1に押し付けた後，抗生物質を加えた寒天培地(薬剤投与培地1)に押し付けてすべてのコロニーを移し植えた(手順1)。翌日，薬剤投与培地1上で生き残ったコロニーBを見つけ出した(手順2)。薬剤非投与培地1上で，このコロニーBに対応するコロニーAを特定してかき取り，抗生物質を含まない寒天培地(薬剤非投与培地2)に塗り広げた(手順3)。こうして作った培地の寒天上には薬剤非投与培地1とほぼ同数のコロニーが形成されるのを確認したうえで，底面に布を張った円筒で，すべてのコロニーを抗生物質を加えた新たな寒天培地(薬剤投与培地2)に移し植えた(手順4)。翌日，観察すると一部のコロニーが生き残っていたが，その数は薬剤投与培地1上で生き残ったコロニー数よりも多かった。

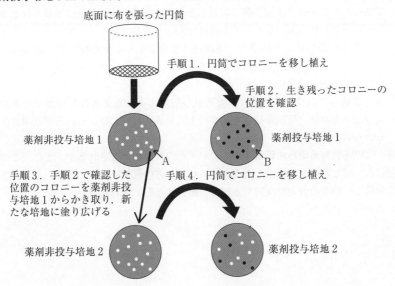

図1 実験の手順 ただし，白色のコロニーは生きているものを，黒色のコロニーは死滅したものを表している。

14　第1章　細胞・分子・代謝

問1　**仮説1**が正しいとすると，コロニーAは薬剤耐性をもつと考えられるか。そう予測する理由とともに最も適当なものを，次から一つ選べ。

① コロニーAに由来するコロニーBが薬剤投与培地で生き残っているため，コロニーAは薬剤耐性をもつ。

② 手順4において，コロニーAから由来するコロニーの中に生き残っているものがいるため，コロニーAは薬剤耐性をもつ。

③ 手順4において，コロニーAから由来するコロニーの中に死滅したものがいるため，コロニーAは薬剤耐性をもたない。

④ 手順1においてコロニーAを形成した細菌は抗生物質と接触したことがないため，コロニーAは薬剤耐性をもたない。

問2　**仮説2**が正しいとすると，薬剤非投与培地2の上に形成されたコロニーは，薬剤非投与培地1の上に形成されたコロニーと比較して，薬剤耐性をもつものの割合についてどのように考察されるか。最も適当なものを，次から一つ選べ。

① 形成されたコロニーの数が，薬剤非投与培地1と薬剤非投与培地2でほぼ同数であったことから，薬剤非投与培地2の上に形成されたコロニーの方が薬剤耐性をもつものの割合は高い。

② 形成されたコロニーの数が，薬剤非投与培地1と薬剤非投与培地2でほぼ同数であったことから，薬剤非投与培地2の上に形成されたコロニーの方が薬剤耐性をもつものの割合は低い。

③ 形成されたコロニーの数が，薬剤非投与培地1と薬剤非投与培地2でほぼ同数であったことから，薬剤非投与培地1と薬剤非投与培地2の上に形成されたコロニーの薬剤耐性をもつものの割合はほぼ同じである。

④ 生き残ったコロニーの数が，薬剤投与培地1よりも薬剤投与培地2の方が多かったことから，薬剤非投与培地2の上に形成されたコロニーの方が薬剤耐性をもつものの割合は高い。

⑤ 生き残ったコロニーの数が，薬剤投与培地1よりも薬剤投与培地2の方が多かったことから，薬剤非投与培地2の上に形成されたコロニーの方が薬剤耐性をもつものの割合は低い。

問3　この実験結果から，**仮説1**と**2**のいずれの仮説が支持されるか。また，この実験においてどのような結果が得られていれば他方の仮説を支持できたか。支持される仮説と，他方の仮説を支持する結果の組合せとして最も適当なものを，次ページの表から一つ選べ。

	支持される仮説	他方の仮説を支持する結果
①	仮説1	薬剤投与培地1と薬剤投与培地2で，生き残ったコロニーの数に違いが見られなかったとき。
②	仮説1	薬剤投与培地1と薬剤投与培地2で，すべてのコロニーが生き残ったとき。
③	仮説2	薬剤投与培地1と薬剤投与培地2で，生き残ったコロニーの数に違いが見られなかったとき。
④	仮説2	薬剤投与培地1と薬剤投与培地2で，すべてのコロニーが生き残ったとき。

(龍谷大・改)

16　第1章　細胞・分子・代謝

5　細胞骨格とモータータンパク質

⏳15分　▶▶　解答　P.9

　アメリカの大学院生ベールが，ニューロン軸索内のシナプス小胞の輸送に携わるモータータンパク質を発見するまでの道のりは，「はじめに仮説を立て，検証と修正を繰り返す」という科学的な研究の進め方の好例といえる。

第1段階　1983年当時，軸索内の輸送機構についてはほとんど何もわかっていなかった。あるとき彼は，隣の研究チームによる実験を目撃する。それは，ミオシンを結合させた微小なプラスチックビーズがシャジクモの細胞の内側を移動するようすを観察する実験だった。彼は，軸索内の輸送も同じしくみで行われているのだろうと予想し，それに沿った仮説を立て，(a)その真偽を検証するための実験を行った。実験にはヒトの軸索の50倍も太い，イカの軸索(巨大神経軸索)を用いた。しかし残念なことに，実験の結果は彼の予想とは異なっていた。

第2段階　そこで彼は，これまでとは異なる方向から研究を進めることにした。軸索から絞り出した内容物(軸索内液)を光学顕微鏡で観察すると，ひも状の構造をレールにして，その上をシナプス小胞が運ばれていた。同じ試料を電子顕微鏡で観察したところ，太さの異なる2種類の繊維構造が認められたが，動いていたシナプス小胞はすべて，太い方の繊維に結合していた。後に，この太い方の繊維は微小管であると判明した。

第3段階　次に彼は，試験管内で軸索内の輸送を再現することに挑戦する。精製した純粋な微小管と，イカの軸索内液とを混ぜ，軸索内液に含まれるシナプス小胞が動くかどうかを調べたのである。シナプス小胞には未知のモータータンパク質が結合しているだろうから，シナプス小胞と微小管とATPの3種を混ぜ合わせれば，シナプス小胞が動くだろうと予想した。しかし予想はまたもや外れ，(b)シナプス小胞は全く動かなかった。ところが驚いたことに，シナプス小胞を取り除いた後の軸索内液と微小管とATPを混ぜたところ，短い微小管が這い回ったのである。軸索内液に含まれていたモータータンパク質がスライドガラスに付着して，それが微小管を繰り出していると考えられた。その後彼は，軸索内液をさらに調べ，探していたモータータンパク質を発見したのである。

問1　下線部(a)について，この時点での仮説に基づいてベールが計画した実験として最も適当なものを，次の①～⑥から一つ選べ。

① イカの軸索から取り出したシナプス小胞をシャジクモの細胞に導入し，シナプス小胞が動くかどうかを調べる。

② 精製したアクチンフィラメントをイカの軸索に注入し，アクチンフィラメントが動くかどうかを調べる。

③ ミオシンを結合させた微小なプラスチックビーズをイカの軸索に注入し，ビーズが動くかどうかを調べる。

④ シャジクモ細胞の破砕物をイカの軸索に注入し，破砕物に含まれる小胞が動くかどうかを調べる。

⑤ 精製した微小管をイカの軸索に注入し，微小管が動くかどうかを調べる。

⑥ イカの軸索の抽出物に含まれるシナプス小胞が精製した微小管の上を動くかどうかを調べる。

問2 軸索内の輸送のしくみとして，**第2段階**の観察から推測できることとして最も適当なものを，次から一つ選べ。

① 微小管が，軸索内の輸送のレールとして働く。

② 輸送される物質によって異なるモータータンパク質が働く。

③ 微小管の伸長によってシナプス小胞が押し出される。

④ シナプス小胞ごとに含まれる物質が異なる。

問3 下線部(b)について，シナプス小胞が全く動かなかった理由として最も適当なものを，次から一つ選べ。

① シナプス小胞の運動には，レールとしてアクチンフィラメントが必要である。

② モータータンパク質が，シナプス小胞に結合していなかった。

③ 運動を観察するには，微小なプラスチックビーズが必要である。

④ 精製した純粋な微小管は，レールとして働かない。

⑤ 運動を阻害する物質が，軸索内液に含まれていた。

(中央大・改)

6 呼吸

近年，乳酸を化学的に重合して得られるプラスチックであるポリ乳酸が脚光を浴びている。これは，化石燃料ではなく植物由来デンプンやセルロースを分解して得られるグルコースを原料としてプラスチックを生産することにより，地球温暖化対策への貢献が期待されているからである。最近になって，乳酸菌以外の乳酸生産の担い手として，増殖が良く培養の簡単なワイン酵母を遺伝子組み換えによって代謝を変えて利用する方法が考案され，注目されている。

問1 グルコース代謝に関連するワイン酵母の遺伝子 Y を破壊してその機能を失わせ，次にウシの乳酸脱水素酵素遺伝子を組み込むと，乳酸生産を効率よく行えるワイン酵母(酵素X)ができる。図1に示すワイン酵母中の代謝酵素((a)〜(c))の遺伝子の中から遺伝子 Y として最も適当なものを，下の①〜③から一つ選べ。また，選んだ理由として最も適当なものを，下の④〜⑨から一つ選べ。

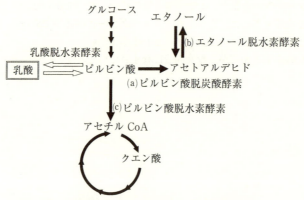

図1 ワイン酵母内におけるグルコース代謝の模式図
（代謝の一部は省略してある。）白抜き矢印の示す反応はウシの乳酸脱水素酵素が行う。

① ピルビン酸からアセトアルデヒドを生成する，ピルビン酸脱炭酸酵素(a)の遺伝子
② アセトアルデヒドからエタノールを生成する，エタノール脱水素酵素(b)の遺伝子
③ ピルビン酸からアセチルCoAを生成する，ピルビン酸脱水素酵素(c)の遺伝子
④ 酵母Xを好気条件で培養すると，乳酸発酵のみが起こるから。
⑤ 酵母Xを好気条件で培養すると，アルコール発酵のみが起こるから。
⑥ 酵母Xを好気条件で培養すると，呼吸のみが起こるから。
⑦ 酵母Xを嫌気条件で培養すると，乳酸発酵のみが起こるから。
⑧ 酵母Xを嫌気条件で培養すると，アルコール発酵のみが起こるから。
⑨ 酵母Xを嫌気条件で培養すると，呼吸のみが起こるから。

問2　ワイン酵母は2種類以上の Y 遺伝子をもっている。そのうち1つの Y 遺伝子を破壊し，乳酸脱水素酵素遺伝子を組み込んだワイン酵母を用いて，嫌気的条件下において，グルコースを消費し尽くすまで培養を行ったところ，図2に示すような培地中のグルコース濃度，乳酸濃度，エタノール濃度の経時変化が得られた。

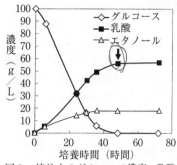

図2　培地中のグルコース濃度，乳酸濃度，エタノール濃度の経時変化

図2に示す培養において，グルコースを消費し尽くした48時間後（図2の矢印）の時点で，空気を十分に吹き込む好気的条件に切り替えてさらに培養を継続した。培養72時間後までの乳酸濃度の経時変化に関して，次のように考察した。

考察　　ア　　の反応が進行することによってピルビン酸が　　イ　　するため，　　ウ　　にする反応が起こる。その結果，乳酸濃度は　　エ　　と考えられる。

考察の文章中の空欄に当てはまる最も適当な語句を，　　ア　　と　　イ　　については下表の①〜⑥から，　　ウ　　と　　エ　　については下表の⑦〜ⓑから，それぞれ一つずつ選べ。

	ア	イ
①	アルコール発酵	増　加
②	アルコール発酵	減　少
③	乳酸発酵	増　加
④	乳酸発酵	減　少
⑤	クエン酸回路	増　加
⑥	クエン酸回路	減　少

	ウ	エ
⑦	ピルビン酸をエタノール	時間とともに増加する
⑧	ピルビン酸をエタノール	時間がたっても変化しない
⑨	ピルビン酸をエタノール	時間とともに減少する
⓪	乳酸をピルビン酸	時間とともに増加する
ⓐ	乳酸をピルビン酸	時間がたっても変化しない
ⓑ	乳酸をピルビン酸	時間とともに減少する

(阪大・改)

20　第1章　細胞・分子・代謝

7 パスツール効果

⏱(15)分 ▶▶ [解答] P.10

　グルコース水溶液に酵母懸濁液を混ぜて静置しておいたところ，気体が発生し，グルコースは分解されていった。グルコースの減少曲線は図1のAのようであった(**実験1**)。

　次に，反応を促進させようと思い，溶液がよく混ざるように，図2のようにエアーポンプで空気を通気したところ，予想に反してグルコースの分解は抑制されてしまい，グルコース減少曲線は図1のBのようになった(**実験2**)。その理由として，次の2つの**仮説X**と**仮説Y**を立てた。

図1

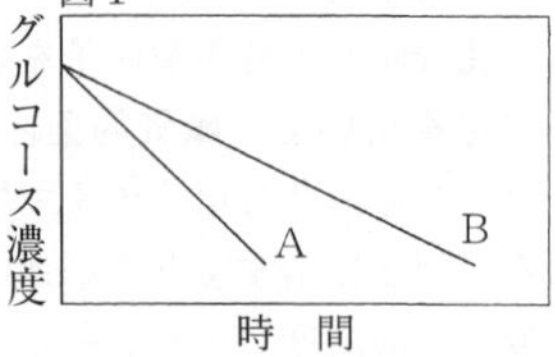

図2

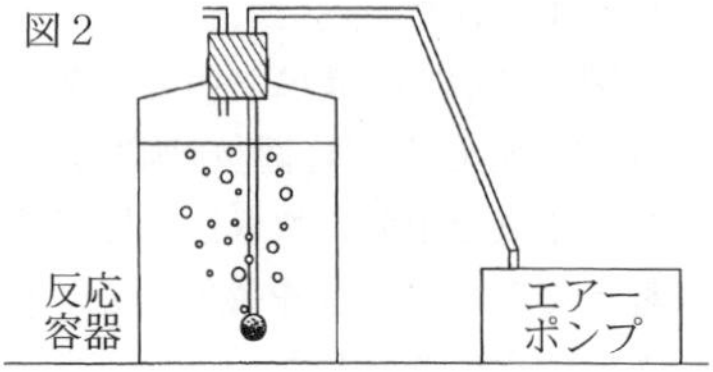

　仮説X　通気によって激しくかくはんされたため，酵母の一部が死んでしまった。

　仮説Y　通気によって空気中に存在する細菌が混入したため，酵母の一部を殺された。

　これらの仮説を検証するために，(ア)以下の**実験3～実験5**を行い，それぞれの結果を得た。

実験3　直径1μm以下のものしか通さないフィルターを通した空気を通気したところ，図1のBとほぼ同じ結果が得られた。

実験4　窒素ガスをボンベからチューブで導き通気したところ，図1のAとほぼ同じ結果が得られた。

実験5　酵母懸濁液の入った試験管を激しく振ってからグルコース水溶液の中に注ぎ込み，通気しないでおいたところ，図1のAとほぼ同じ結果が得られた。

　最後に酵母をすりつぶし，(イ)細胞分画法(遠心分画法)により，(a)核や細胞膜を含む画分，(b)ミトコンドリアを含む画分，(c)リボソームを含む画分，そして，(d)それらを分けた後の上澄みを分けた。

問1　下線部(ア)で行った実験とその結果は，次の①～⑤のうちどれに当てはまるか。最も適当なものを一つ選べ。

① 仮説Xと仮説Yの両方を支持する。

② 仮説Xだけを否定する。

③ 仮説Yだけを否定する。

④ 仮説Xも仮説Yも否定する。

⑤ 仮説の検証になっていない。

問2 下線部(イ)のように分けたものの中で，グルコース水溶液と混ぜたときにグルコースを分解し，気体を発生するものはどれか。最も適当なものを次から一つ選べ。

① a ② b ③ c ④ d

問3 問2で気体を発生した溶液に空気を通気したとき，グルコース分解速度はどうなると考えられるか。次の①〜③のうちから最も適当なものを一つ選べ。また，その判断の根拠として最も適当なものを，④〜⑦のうちから一つ選べ。

① 大きくなる

② 変化しない

③ 小さくなる

④ 酸素を利用した反応が進行するのはミトコンドリアであるため。

⑤ ミトコンドリアはグルコースを直接分解することはできないため。

⑥ グルコースをピルビン酸に変える反応は酸素を利用しないため。

⑦ ピルビン酸を利用するクエン酸回路は酸素を利用しないため。

(千葉大・改)

8 光合成

光合成において CO_2 の固定は，カルビン・ベンソン回路で行われる。この回路では，まず，CO_2 と炭素数5の化合物Aとが反応し，直ちに2分子の炭素数3の化合物Bを生成する。次に，化合物Bは一連の酵素の働きで化合物Aへと再生される。固定された炭素の一部は，回路から外れ，デンプンなどに変換される。この回路のしくみを調べるために炭素の放射性同位元素である ^{14}C を含む CO_2 を用いて以下の実験が行われた。

実験 十分な光を照射した条件下で，クロレラの懸濁液に(i)空気中の30倍の濃度の CO_2（これを高濃度 CO_2 と呼ぶ）を10分間吹き込んだ後，空気中の10分の1の濃度の CO_2（これを低濃度 CO_2 と呼ぶ）に変えた。実験中，一定間隔でクロレラの懸濁液の一部を抜き取り，沸騰しているメタノールと速やかに混合し，細胞内の酵素を速やかに失活させた。これらのメタノール溶液を濃縮してペーパークロマトグラフィーで展開し，光合成産物に取り込まれた ^{14}C の行方を調べた。このときの化合物Aと化合物Bに取り込まれた ^{14}C の量の変化は，図1のようになっていた。ただし，横軸の0は CO_2 濃度を変えた時点を示す。

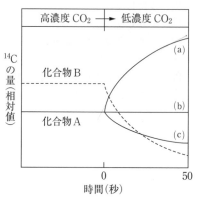

図1 化合物Aと化合物B中の ^{14}C の量の変化

問1 下線部(i)に関して，高濃度 CO_2 を吹き込んで数分以上経つと，図1に示すように，化合物Aと化合物Bの ^{14}C の量が時間とともに変化しなくなった。この状態に関して説明した次の記述(1)，(2)の空欄に最も適当なものを，それぞれの①〜③のうちから一つずつ選べ。ただし，正しい記述がない場合は④を答えよ。

(1) この状態では，デンプンに取り込まれた ^{14}C の量は時間とともに ア 。
　① 変化しない　　② 増加する　　③ 減少する

(2) この状態では，化合物Aに流入する ^{14}C の量は イ 。
　① 化合物Bから流出する ^{14}C の量よりも少ない
　② 化合物Aから流出する ^{14}C の量よりも少ない
　③ 化合物Aから流出する ^{14}C の量よりも多い

問2 図1で，高濃度 CO_2 から低濃度 CO_2 に変化させた後に化合物Aに取り込まれた ^{14}C の量の変化として最も適当なものを，次の①〜③から一つ選べ。またそれを選んだ根拠として最も適当なものを，次の④〜⑦から一つ選べ。

① 実線(a)
② 実線(b)

③ 実線(c)
④ CO_2 と化合物 A とが反応して化合物 B を生成する反応速度が低下し，化合物 A が蓄積するから。
⑤ CO_2 の不足により回路反応全体が急に遅くなるため，化合物 A が蓄積するから。
⑥ CO_2 と化合物 B とが反応して化合物 A を生成する反応速度が低下し，化合物 B が蓄積するから。
⑦ CO_2 の不足により回路反応全体が急に遅くなっても，中間産物の量は変わらないから。

(東大・改)

9 アクアポリン

細胞膜は脂質の二重層からなる基本構造を有し，そこにはさまざまな種類のタンパク質が配置されている。細胞膜が半透性を有する，すなわち溶媒である水の分子は自由に透過するが，そこに溶けている他の分子やイオンは透過しないと仮定した場合，細胞膜をはさんでの水の移動方向は細胞内外の浸透圧によって変化する。ここでいう浸透圧はオスモル濃度(注1)に比例し，水は浸透圧の低い方から高い方へ向かって移動する。細胞内と同じ浸透圧である等張液中では細胞膜をはさんでの水の移動は見かけ上無くなる。従来，赤血球の細胞膜が半透性を有することはさまざまな実験により確認されていた。しかし細胞膜の基本構造である脂質二重層における水の拡散速度はごくゆっくりとしたもので，赤血球の細胞膜がもつ水の透過性に関する特性は，人工の脂質二重層においては認められなかった。そこで水を選択的に透過させる水チャネルの存在が予想され，ヒトの赤血球の細胞膜に多く存在するあるタンパク質（ここでは「タンパク質A」と呼ぶ）がその候補としてあげられた。後にこれが水チャネルであることが実証され，アクアポリンと呼ばれるようになった。

「タンパク質Aが水チャネルを形成する」という仮説を検証する，以下の実験を読み，問いに答えよ。

注1：オスモル濃度はosmol/Lと表記し，1リットルの水溶液に含まれる水以外の分子，およびイオンの総数が$6.02×10^{23}$の場合1osmol/Lとなる。

実験 アフリカツメガエルの卵母細胞を，等張液である0.2osmol/Lの塩溶液中から0.07osmol/Lの塩溶液中へ移した後，細胞の体積の変化を観察した結果，図1のグラフに示すように軽微な変化を示すにとどまった。ここで上記の仮説を検証するため，0.2osmol/Lの塩溶液中にあるアフリカツメガエルの卵母細胞にあらかじめ「タンパク質A」のmRNA 5ng(注2)を含む水50nL(注3)を注入した後3日経ってから0.07osmol/Lの塩溶液中へ移して，細胞膜をはさんでの水の移動による細胞の体積の変化を観察するという実験を行った。

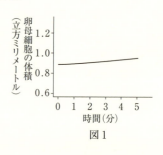

図1

注2：$1ng=1×10^{-9}$グラム　注3：$1nL=1×10^{-9}$リットル＝$1×10^{-3}$立方ミリメートル

問1 この実験に用いる細胞が満たすべき条件として適当なものを，次から二つ選べ。
① 遺伝子組換えが容易である。
② 液体の注入が容易である。
③ 強固な細胞骨格により細胞形態が安定している。
④ 水チャネルは存在しないか少量である。
⑤ 細胞膜上にタンパク質が存在しない。

問2 図1に示した実験結果は，問1で選んだ二つの条件のうちどちらを満たしていることを示すものか，問1の選択肢で答えよ。

問3 「タンパク質A」のmRNA導入の効果を正しく判断するためにはどのような細胞を用いた対照実験を行うべきか，最も適当なものを，次から二つ選べ。
① mRNAを含まない水50nLを注入した，アフリカツメガエルの小腸上皮細胞
② mRNAを含まない水50nLを注入した，アフリカツメガエルの卵母細胞
③ 別の膜タンパク質BのmRNA 5ngを含む水50nLを注入した，アフリカツメガエルの小腸上皮細胞
④ 別の膜タンパク質BのmRNA 5ngを含む水50nLを注入した，アフリカツメガエルの卵母細胞

問4 仮説が正しい場合にはどのような結果になると考えられるか。(1)「タンパク質A」のmRNAを導入した細胞と，(2)対照実験に用いた細胞のそれぞれについて，最も適当なグラフを次から一つずつ選べ。

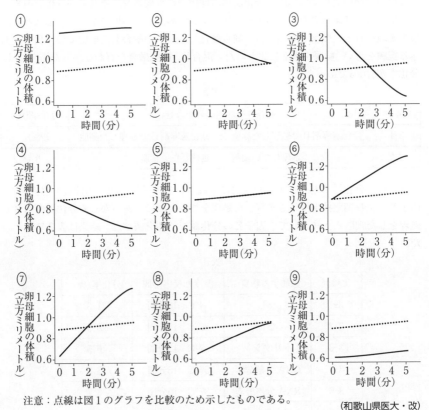

注意：点線は図1のグラフを比較のため示したものである。

(和歌山県医大・改)

26　第1章　細胞・分子・代謝

10　細胞分化に働く因子

ある細胞に分化誘導剤Aの処理をすると赤血球に分化する。従来の研究で，分化誘導剤B，C単独の処理はほとんど分化誘導活性を示さないことが知られていた。そこで，分化誘導剤BとCとを組み合わせる実験を行い，実験の結果を表1にまとめた。

表1

実験区	分化誘導剤B	分化誘導剤C	分化率（%）
1-1	処理しない	処理しない	0.5
1-2	処理した	処理しない	2.0
1-3	処理しない	処理した	3.0
1-4	処理した	処理した	31.0

分化誘導剤の処理で細胞内に分化誘導活性因子が生成され，それらが分化を引き起こしていると考えられた。この考えを検証するため，一方の処理を行った細胞と，他方の処理を行った細胞とを混合後，細胞融合し，両者が融合した細胞での分化率を調べる実験を行い，結果を表2にまとめた。混合後，細胞融合を行わなかった場合には，分化率が3.0%であった。

表2

実験区	融合させる細胞の組合せ	分化率（%）
2-1	分化誘導剤Bで処理した細胞　と　分化誘導剤Cで処理した細胞	28.5
2-2	処理しない細胞　と　処理しない細胞	3.0

さらに，分化誘導剤Cにより細胞内に生成される因子Xの物質的性質を解析した。因子Xを含む細胞抽出液にさまざまな処理を加えた後に，あらかじめ分化誘導剤Bで処理をした細胞内へ注入して，因子Xの分化誘導活性を調べた。結果は表3にまとめた。

表3

実験区	添加する物質	温度と反応時間	分化率（%）
3-1	なし	4℃　15分間	31.3
3-2	なし	37℃　15分間	8.9
3-3	トリプシン	37℃　15分間	0.5
3-4	DNA分解酵素	37℃　15分間	8.8
3-5	RNA分解酵素	37℃　15分間	8.7
3-6	アミラーゼ	37℃　15分間	9.0
3-7	なし	65℃　15分間	0.6

問1 表1と表2から，「2つの因子が同一の細胞内に共存すると分化が誘導される」と推定された。表1，表2のどの結果を比較するとそのように推定されるのか。比較する実験区を過不足なく含むものを，次から一つ選べ。

① 1-1, 1-4   ② 1-1, 1-4, 2-1   ③ 1-1, 1-4, 2-2

④ 1-2, 1-3, 2-1   ⑤ 1-2, 1-3, 1-4, 2-1   ⑥ 1-2, 1-3, 1-4, 2-2

⑦ 1-1, 1-4, 2-1, 2-2

問2 表2の結果から，「2つの因子が同一の細胞内に共存すると分化が誘導される」とする結論を導き出すためには，表2に書かれていない組合せの実験が必要と考えられる。必要となる実験は最低で何種類か。最も適当なものを，次から一つ選べ。

① 1種類   ② 2種類   ③ 3種類   ④ 4種類

問3 表3について，次の(1)と(2)に答えよ。

(1) 表3の結果から判断して，因子Xはどのような性質の生体物質と考えられるか。最も適当なものを，次から一つ選べ。

① DNA   ② RNA   ③ 脂質

④ 炭水化物   ⑤ タンパク質

(2) (1)のように判断した根拠として最も適当なものを，次から二つ選べ。

① 実験区 3-2 よりも実験区 3-1 での分化率が高いため。

② 実験区 3-2 よりも実験区 3-3 での分化率が低いため。

③ 実験区 3-2 と実験区 3-3 での分化率がほぼ同じであるため。

④ 実験区 3-2 と実験区 3-4 での分化率がほぼ同じであるため。

⑤ 実験区 3-2 と実験区 3-5 での分化率がほぼ同じであるため。

⑥ 実験区 3-2 と実験区 3-6 での分化率がほぼ同じであるため。

⑦ 実験区 3-2 よりも実験区 3-7 での分化率が低いため。

(奈良女大・改)

11 ヘモグロビンと鎌状赤血球貧血症

ヒト成人の赤血球細胞内のヘモグロビンには，αヘモグロビンとβヘモグロビンの2つの種類がある。赤血球の中では，それぞれ2分子ずつが集合し，$\alpha 2\beta 2$複合体（四量体）を形成している。対して，ヒト胎児は，大人のβヘモグロビンとはタイプの異なるγヘモグロビンをもっている。このγヘモグロビンには，2つの大きな特徴がある。1つ目は，胎児が母親の血液から酸素を獲得する必要があるために，成人ヘモグロビンよりも，酸素により結合しやすい性質をもつ点である。2つ目は，γヘモグロビンの生産量が，ヒトの誕生後から急激に減少し，ヘモグロビンの多くがβヘモグロビンを含むものへと置き換わっていく点である。図1は，血液中の全ヘモグロビン中のα，β，γの存在量を，受精後，ヘモグロビンを合成し始める時期から，誕生後48週まで調べた結果である。

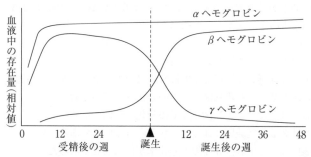

図1　ヒトの胎児期から誕生後にかけて発現するヘモグロビン量

鎌状赤血球貧血症は，βヘモグロビンの中の1つのアミノ酸が他の種類のアミノ酸に置き換わるために発症する遺伝的な疾患である。ある研究者が，鎌状赤血球貧血症の治療方法として，突然変異したβヘモグロビンの代わりに，誰でももつγヘモグロビンの遺伝子を成人に発現させるアイデアを得た。このアイデアを検証するには，まず，マウスを使った動物実験が必要である。以下の記述(1)～(8)について，この動物実験を進める上で必要ならば①，不要・または必要か不要かどちらともいえないならば②を答えよ。

(1) マウスβヘモグロビン分子はヒトのものとアミノ酸配列が20％異なるので，ヒトと同じアミノ酸配列で新しく合成したタンパク質。
(2) マウスγヘモグロビン遺伝子が発現しないように遺伝子を変異させたトランスジェニックマウス。
(3) マウスγヘモグロビン遺伝子のエキソンを，ヒトγヘモグロビンと同じ塩基配列にして人工的に合成した遺伝子。
(4) マウスβヘモグロビン遺伝子を改変して，鎌状赤血球貧血症を発症するようにしたトランスジェニックマウス。
(5) マウスβヘモグロビン遺伝子発現を促す薬剤。
(6) マウスγヘモグロビン遺伝子発現を促す薬剤。

(7) マウス α ヘモグロビン遺伝子が発現するときに働く調節遺伝子を組み込んだマウス γ ヘモグロビン遺伝子。

(8) マウスの α ヘモグロビンとヒトの α ヘモグロビンのアミノ酸配列を比較したデータ。

(中央大・改)

第2章 生殖と発生

12 細胞周期

　細胞は細胞周期を繰り返すことにより増殖する。細胞が分裂する時期は分裂期（M期）と呼ばれ，それ以外の時期は間期と呼ばれる。間期はさらにG_1期，S期，G_2期に分けられる。

　正常な細胞増殖のためには，DNA は正確に複製され，かつ均等に分配されなければならない。細胞はそのため，DNA が正しく複製されたか，DNA に損傷がないか，すべての動原体に紡錘糸が正しく結合したかを監視している。この細胞周期の進行におけるチェック機構を細胞周期チェックポイントと呼ぶ。具体的には，G_1期からS期に移行する時点（G_1/Sチェックポイント），S期の間（S期チェックポイント），G_2期からM期に移行する時点（G_2/Mチェックポイント）では，DNA 損傷や DNA 複製を監視しており，またM期の中期（M期チェックポイント）には，すべての動原体に紡錘糸が結合したかどうかを監視している。もし，それぞれのチェックポイントにおいて何らかの不具合があれば，細胞はその時点で細胞周期の進行を停止させ，DNA の異常を修復したりするなどして，正常な細胞増殖が行われるようにしている。

　ある研究グループは，細胞周期の進行が細胞内に存在するある因子によって制御されていると考えた。その仮説のもと，ヒト由来の培養細胞を用いて行われた一連の実験のうち，S期の進行に関するものを以下に示す。

実験1　G_1期の細胞とS期の細胞を用意し，G_1期の細胞1個ずつを融合したとき（G_1-G_1），G_1期の細胞とS期の細胞1個ずつを融合したとき（G_1-S），およびG_1期の細胞を単独で培養したとき（G_1）の，G_1期の細胞由来の核のうち DNA 複製を行っているものの割合を調べたところ，図1のような結果が得られた。

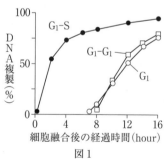

図1

実験2　G_1期の細胞とS期の細胞を融合する際に，異なる数の組合せで融合させた。このとき，G_1期の細胞由来の核のうち DNA 複製を行っているものの割合を調べると，図2のような結果が得られた。ただし，図中のG_1-2SはG_1期の細胞1個とS期の細胞2個を，2G_1-SはG_1期の細胞2個とS期の細胞1個を，3G_1はG_1期の細胞3個をそれぞれ融合させたことを示す。

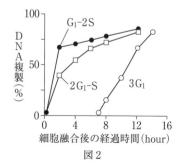

図2

実験3 G_1期の細胞とG_2期の細胞を用意し，G_1期の細胞1個ずつを融合したとき（G_1-G_1），G_1期の細胞とG_2期の細胞1個ずつを融合したとき（G_1-G_2），およびG_1期の細胞を単独で培養したときの，G_1期の細胞由来の核のうちDNA複製を行っているものの割合を調べると，図3のような結果が得られた。

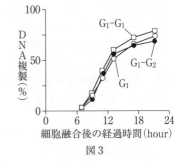

図3

実験4 S期の細胞とG_2期の細胞を用意し，S期の細胞とG_2期の細胞1個ずつを融合し，G_2期の細胞由来の核におけるDNA複製を調べたが，DNA複製は起こっていなかった。

問1 DNAにおける相補的な塩基の組合せを述べた文として最も適当なものを，次から一つ選べ。
① アデニンとチミンが塩基対をつくり，シトシンとウラシルが塩基対をつくる。
② アデニンとチミンが塩基対をつくり，シトシンとグアニンが塩基対をつくる。
③ アデニンとウラシルが塩基対をつくり，シトシンとチミンが塩基対をつくる。
④ アデニンとウラシルが塩基対をつくり，シトシンとグアニンが塩基対をつくる。
⑤ アデニンとグアニンが塩基対をつくり，シトシンとウラシルが塩基対をつくる。
⑥ アデニンとグアニンが塩基対をつくり，シトシンとチミンが塩基対をつくる。

問2 実験1から，G_1/Sチェックポイントに関わる「ある作用」の存在が推定できる。この「ある作用」について述べた文として最も適当なものを，次から一つ選べ。
① S期の細胞には，G_1期を短くする作用がある。
② S期の細胞には，G_1期を長くする作用がある。
③ S期の細胞には，G_2期を短くする作用がある。
④ S期の細胞には，G_2期を長くする作用がある。
⑤ S期の細胞には，M期を短くする作用がある。
⑥ S期の細胞には，M期を長くする作用がある。

問3 実験1〜実験3から「ある作用」について推論できることを述べた次の文章中の空欄に適する語句を，下の①〜⑨からそれぞれ一つずつ選べ。

実験1と実験3を比べることで ア ことが推論できる。また，実験2から イ と推論できるので， ウ 可能性が考えられる。

① この作用はS期にだけ存在する
② この作用はS期とG_2期に存在する
③ この作用はG_2期にだけ存在する
④ この作用を担うのは細胞内の物質である
⑤ この作用を担うのは細胞外の物質である

32 第2章 生殖と発生

⑥ G_1期の終りころに合成され，S期の終りに分解される

⑦ S期の終りころに合成され，G_2期の終りに分解される

⑧ G_1期の終りころに受容され，S期の終りには受容されなくなる

⑨ S期の終りころに受容され，G_2期の終りには受容されなくなる

問4 **実験1〜実験4**から，細胞周期の進行に関わる「重要な決まり」の存在が推論できる。この「重要な決まり」に関する仮説として最も適当なものを，次から一つ選べ。

① S期にDNAが合成され始めると，新たなDNA複製が禁止され，G_2期に入ると禁止が解除される。

② S期にDNAが合成され始めると，新たなDNA複製が禁止され，M期に入ると禁止が解除される。

③ S期が終りDNAが倍加した状態になると，新たなDNA複製が禁止され，M期に入ると禁止が解除される。

④ S期が終りDNAが倍加した状態になると，新たなDNA複製が禁止され，G_1期に入ると禁止が解除される。

(聖マリアンナ医大・改)

13 細胞質分裂

細胞が分裂の前期に入ると，染色体が凝縮し，太く短い形になる。やがて核膜が消失し，中期には，染色体が中央の赤道面に整列し紡錘体が形成される。このときの染色体は中期染色体と呼ばれ，図1のように，縦裂した状態(それぞれの染色体を姉妹染色体と呼ぶ)であり，動原体に紡錘体極から伸びる微小管が結合している。(a)<u>すべての染色体が紡錘体極から伸びる動原体微小管に両側性に結合してはじめて姉妹染色体が分離し</u>，後期に入る。

動物細胞では，分離した染色体が紡錘体極の近傍まで移動する後期の後半から終期にかけて細胞表面に分裂溝と呼ばれるくびれが生じ，それがしだいに収縮することで細胞質が分割され，2つの細胞に分裂する。

分裂溝は，紡錘体極の中間にある赤道面に形成される。分裂溝の位置が決定されるしくみには，次のような仮説が存在する。

仮説A 姉妹染色体が分離するとき，姉妹染色体から近傍の赤道面に位置する細胞表層へ<u>収縮を促進する信号</u>が送られる。

仮説B 紡錘体極から直接細胞表面にのびる微小管を伝わって，細胞表層の<u>収縮を阻害する信号</u>が送られるため，その信号が到達しにくい赤道面でくびれが生ずる。

仮説C 紡錘体極からそれらの中間に位置する細胞表層へ向かって，<u>収縮を促進する信号</u>が送られる。

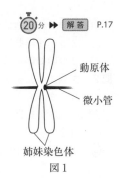
図1

これらの仮説を検証する目的で，次のような**実験1**を行った。

実験1 ウニの受精卵が卵割を開始する前に，卵の中央をガラス球で押さえ，図2のようにドーナツ状に変形した。すると紡錘体が形成され，核分裂は正常に進行したが，細胞質は紡錘体の近傍でのみくびれ分離された。さらに，2回目の卵割の時期になると，紡錘体が2つ形成されたのち，3か所で分裂溝が形成され，4つの細胞に分裂した。

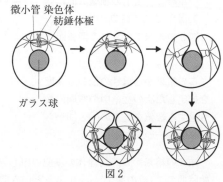
図2

問1 細胞周期には，下線部(a)のように，ある条件を満たさないと通過できないチェックポイントが複数存在する。下線部(a)のチェックポイントが正常に働かない場合に，分裂後の細胞に生じると考えられる異常について述べた文として最も適当なものを，次から一つ選べ。

① 2つの娘細胞はいずれも遺伝子突然変異をもつことになる。

② 2つの娘細胞はいずれも環境変異をもつことになる。
③ 2つの娘細胞はいずれも，倍数体の細胞となる。
④ 2つの娘細胞はいずれも，異数体の細胞となる。

問2 実験1の結果から，ウニの卵割では**仮説A～C**のそれぞれは肯定されるか，否定されるか答えよ。肯定・否定については①・②のいずれかから選べ。また，それぞれの判断の根拠として最も適当なものを，③～⑤からそれぞれ一つずつ選べ。

① 肯定　② 否定
③ 1回目の卵割で，微小管が到達している紡錘体の近くでのみ分裂溝が形成された。
④ 1回目，2回目の卵割で，ともに，各紡錘体極の中間の位置に分裂溝が形成された。
⑤ 2回目の卵割で，姉妹染色体の近傍に位置しない3か所目の分裂溝が形成された。

問3 仮説A～Cはいずれも，細胞表層に伝わる信号の存在を想定している。この信号が伝わる速度を測定するため，第一分裂時に細胞の中心に紡錘体があり，縦に分裂溝をつくりながら，対称性に分裂するウニの受精卵を用い，人為的に紡錘体を細胞表面に近づける**実験2**を行った。

実験2 第一分裂開始時に紡錘体を上下方向に移動させたところ，紡錘体の細胞の中心線からの距離と，上下の細胞表面に分裂溝ができる時期のずれには，図3の破線で示される関係が認められた。

この結果から信号の伝わる速度を推定した次の文章中の空欄に最も適する数値を，下の①～⑨からそれぞれ一つずつ選べ。

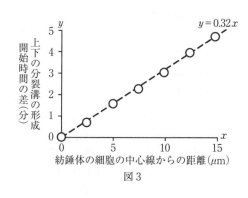

図3

図3の結果から，紡錘体の細胞の中心線からの距離(x)と上下の分裂溝の形成開始時間の差(y)の間に，$y=0.32x$ という関係式が成り立つことがわかる。つまり，紡錘体を細胞の中心線から ア μmずらしたときに信号の到達時刻に0.32分の差が生じる。第一分裂では，紡錘体は細胞に比べ十分小さいので，細胞表面からの距離は紡錘体のどの部位でも同じとみなすと，このときの紡錘体から上下の細胞表面までの距離差は イ μmなので，信号の伝わる速度は，ウ μm/分となる。

① 0.32　② 0.5　③ 0.64　④ 1　⑤ 2
⑥ 3.1　⑦ 4　⑧ 6.3　⑨ 8

(東北大・改)

14 受精

生物部の部員であるツトム，イクミ，カズキの三人は，生物の授業で聞いた受精について興味をもち，自分たちで実験してみることにした。そこで，生物部の鈴木先生に相談したところ，鈴木先生が，アフリカツメガエルの精巣と成熟した卵を用意してくれることになった。

ツトム：まず，精巣を，カエルの体液に似せた生理的塩類溶液中で細かく切って，精子懸濁液を作るんだね。
イクミ：そう。それで，卵に懸濁液を加えて受精させるわけね。受精したかどうか，すぐわかるのかしら？
カズキ：調べてきたよ。受精が成立すると，卵とそれを包んでいる卵膜との間に囲卵腔と呼ばれる隙間が生じて，いろいろな方向を向いていた卵が回転するんだって。卵黄を多く含む重い植物半球が下になって，色素を多く含む動物半球が上に向くから，受精がうまくいけば，真上から見たときに黒の割合が高くなるらしいんだ。

三人が実験したところ，全く受精が起こらなかった。

ツトム：おかしいな。
イクミ：あ，いけない。鈴木先生が，懸濁液を適当に薄めるんだって，おっしゃっていたのをすっかり忘れてた。
カズキ：そうだったね。じゃ，何段階かに薄めて，受精率がどうなるかやってみよう。

三人は，あらためて実験を行った。

実験1 次のa〜eの5種類の各水溶液でさまざまな精子濃度にした懸濁液を作り，ただちに卵を加えて受精率を調べた。生理的塩類溶液の希釈は蒸留水で行った。
  a．カエルの生理的塩類溶液
  b．aを2倍に希釈したもの
  c．aを5倍に希釈したもの
  d．aを10倍に希釈したもの
  e．aを20倍に希釈したもの

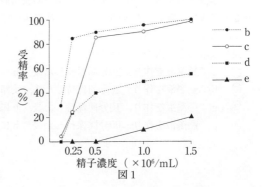
図1

実験結果は図1にまとめた。ただし，aでは卵は受精しなかったため，図中には示していない。顕微鏡で観察したところ，aでは精子が全く運動していなかった。

実験2 実験1の各水溶液中で精子を保存した場合の精子受精能力がどう変化するかを調べる実験を計画した。精子濃度を1.6×10^7とした場合はb〜eのどの溶液で

も受精率が100％であった。この精子濃度で各精子懸濁液を，10，20，40，60分間室温で保持した後，精子を取り出し，bに置き換えて卵を受精させ，各条件での受精率を調べた。aの懸濁液では，保持後にbに置き換えると運動能力が現れ，受精できるようになる。これらの結果を図2にまとめた。

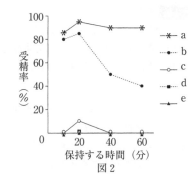

図2

問1 三人は，図1にまとめた**実験1**の結果の意味を考えた。**実験1**の結果から考えられる記述として最も適当なものを，次から一つ選べ。
① 精子濃度が一定である場合，水溶液の浸透圧は受精率に影響を与えない。
② どの精子濃度でも，受精率は淡水の浸透圧の場合が最も高い。
③ 精子濃度が低い場合，生理的塩類溶液を2倍に希釈したbの水溶液が最も受精に適している。
④ 精子濃度を高くしても受精率は上昇しない。

問2 三人は，図2にまとめた**実験2**の結果の意味を考えた。**実験2**の結果から考えられる記述として最も適当なものを，次から一つ選べ。
① 水溶液の浸透圧が低い場合には，精子の受精能力は急激に低下する。
② 水溶液の浸透圧が高い場合には，受精能力を維持できる時間が短くなる。
③ 精子の受精能力は水溶液の浸透圧に影響されない。
④ 水溶液の浸透圧を高くすると，精子の受精能力が回復することがある。

問3 三人は，**実験1**と**実験2**の後で，次に実験するときのことを話し合った。そして，より多くの受精卵を得る方法を考えた。より多く受精卵を得る方法として最も適当なものを，次から一つ選べ。
① aで懸濁液を作り，20分間保持した後，bに置き換えて受精させる。
② bで懸濁液を作り，20分間保持した後，受精させる。
③ cで懸濁液を作り，10分間保持した後，bに置き換えて受精させる。
④ eで懸濁液を作り，60分間保持した後，bに置き換えて受精させる。

(センター試験ⅠB・改)

15 種間雑種と減数分裂

メダカを使った雑種の胚発生の実験に関する次の文章を読み，下の問いに答えよ。

メダカのなかまは日本だけでなく中国や東南アジアにも分布し，20種近くが知られている。メダカの卵に別種のメダカの精子を人工的に受精させることは可能であるが，親の組合せによっては，図1のように，さまざまな異常が生じる。

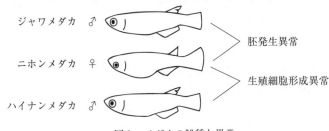

図1　メダカの雑種と異常

ニホンメダカの卵にジャワメダカの精子をかけたところ，高率に受精が起こり，胚は発生を開始したが，その後，異常を起こして，ふ化する前にすべて死んでしまった。

その理由を調べるため，まず細胞を観察したところ，ニホンメダカもジャワメダカも，染色体の数はいずれも雌雄ともに48本であるのに対して，胚発生異常を起こした雑種胚の染色体は(a)数が少なかった。

次に，数が少ない原因を調べるために，胚発生過程での細胞分裂のようすを観察したところ，雑種胚では細胞分裂のときに染色体の一部が取り残され，娘核に入らないことがわかった。

そこで，取り残される染色体を調べるために，雑種胚のいろいろな細胞分裂期の細胞を固定して，ニホンメダカの染色体を赤色に，ジャワメダカの染色体を黄色にと染め分けた。どちらの色の染色体も分裂中期では赤道面に集合して存在したが，分裂後期では，赤色の染色体が両極への移動途中であるのに対し，黄色の染色体は中央に残ったままであった。つまり，分裂期に取り残しを受ける染色体は　ア　することがわかった。また，取り残された染色体は，失われることがわかった。

ニホンメダカとハイナンメダカとの雑種は，成体にはなるが，異常な生殖細胞をつくるため，その子孫ができなかった。観察された異常は，雌では大多数の卵母細胞における(b)相同染色体の不完全な対合，一部の卵母細胞における2倍体卵の形成であり，雄では不完全な対合がありながら進行する1個の精母細胞から1個の精子様細胞への変化であった。

問1 下線部(a)について，雑種胚の異常細胞にみられた染色体の本数は何本だったと考えられるか。リード文から最も適当と判断できるものを，次から一つ選べ。
① 96　② 72　③ 48　④ 24　⑤ 12　⑥ 6

問2 文章中の空欄　ア　に入る最も適当な語句を，次から一つ選べ。
① ニホンメダカに由来

38 第2章 生殖と発生

② ジャワメダカに由来
③ ニホンメダカとジャワメダカに半数ずつ由来
④ 特定の色素に結合したために脱落
⑤ 特定の原因なしに偶然に脱落

問3 以下の(1)〜(6)の文のうち，ニホンメダカとジャワメダカの雑種胚の染色体数の異常を説明する仮説として成立するものはどれか。成立するものには①を，成立しないものには②を答えよ。

(1) オス由来の染色体が脱落する。
(2) メス由来の染色体が脱落する。
(3) ニホンメダカ由来の染色体が脱落する。
(4) ジャワメダカ由来の染色体が脱落する。
(5) 染色体が黄色の色素で染められると脱落する。
(6) 染色体が赤色の色素で染められると脱落する。

問4 問3で成立すると答えた仮説について検証するための実験として最も適当なものを，次から一つ選べ。

① ニホンメダカどうしで受精させて，同様の観察を行う。
② ジャワメダカどうしで受精させて，同様の観察を行う。
③ ジャワメダカの卵にニホンメダカの精子を受精させて，同様の観察を行う。
④ ニホンメダカの染色体を黄色，ジャワメダカの染色体を赤色に染め分けて，同様の観察を行う。
⑤ 体細胞ではなく，精子や卵の染色体を染色して観察する。

問5 下線部(b)に関連して答えよ。ハイナンメダカの染色体数は雌雄とも48本である。仮に，ニホンメダカとハイナンメダカとの雑種の母細胞において減数分裂が正常に起きたと仮定すると，ニホンメダカの染色体を赤色，ハイナンメダカの染色体を黄色に染め分けて観察した場合，減数第一分裂中期には，どのような染色体が観察されるか。観察される状態を説明する文として最も適当なものを，次から一つ選べ。

① 赤色の染色体だけからなる二価染色体と黄色の染色体だけからなる二価染色体が24本ずつ赤道面に並ぶ。
② 赤色の染色体だけからなる二価染色体と黄色の染色体だけからなる二価染色体が12本ずつ赤道面に並ぶ。
③ 赤色の染色体と黄色の染色体からなる二価染色体が24本赤道面に並ぶ。
④ 赤色の染色体と黄色の染色体からなる二価染色体が12本赤道面に並ぶ。

（麻布大・改）

16 予定運命

アフリカツメガエルの32細胞期の胚を横から見ると，図1に模式的に示すように動物極から植物極に向かうA〜Dの記号で示す4列と，将来の背側から腹側に向かう1〜4の番号で示す4列に分けられ，これによって各割球をA1, B1, …のように分類できる。この32細胞期の胚に，緑，赤，および青の異なる波長の蛍光を発する色素(蛍光色素)を結合させたデキストラン(高分子多糖類の一種)を注入し，その後の胚発生過程での挙動を追跡した(**実験1**)。注入された蛍光デキストランは発生に影響せず，細胞内で分解されず，細胞質に均一に分布し，そして細胞膜を通過できないことがわかっている。

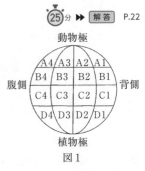

図1

実験1 A1に緑，B1に赤，そしてC1に青の蛍光を発する蛍光デキストランを図2(縦断面図)のように注入して培養を続けた。胚が胞胚期，初期原腸胚期(陥入が背側で始まったばかりの時期)，および後期原腸胚期(陥入が完了し，原腸が形成された時期)になったところでホルマリン水溶液で固定し，背側中央を通るように縦断した切片をそれぞれ作製して観察したところ，図3のような蛍光を確認することができた。

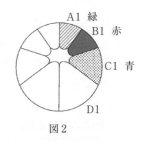

図2

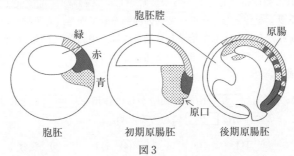

図3

問1 緑色蛍光デキストランをA1割球に注入した。発生を進め初期原腸胚になった時点で，図3の緑の蛍光をもつ胞胚腔の壁を形成する領域を切り取り，蛍光デキストランを注入していない初期原腸胚の腹側の胞胚腔の壁を形成する領域に移植した。この移植胚を培養し尾芽胚まで発生を進めた場合，蛍光が主に観察されるのはどの組織・器官か。最も適当なものを，次から一つ選べ。
① 表皮　② 脊髄　③ すい臓　④ 肝臓　⑤ 腎臓

問2 実験1と同様に蛍光デキストランを各割球に注入し尾芽胚期まで発生を進めた場合，脳，眼胞，脊索，腸管は，A1, B1, およびC1割球由来細胞のうちどれを

40 第2章 生殖と発生

含むと考えられるか，図3を参考に，それぞれについて，含むと考えられる場合は
①，考えられない場合は②を記し，下表を完成せよ。

	脳	眼胞	脊索	腸管
A1				
B1				
C1				

問3 C1割球を32細胞期に解離して単独で培養すると割球は卵割を繰り返して細
胞塊を形成し，やがて胚葉の分化が起こる。このとき，**実験1**の結果を考慮すると，
細胞塊からは外胚葉，中胚葉，内胚葉のすべての胚葉が分化するという予想が立て
られる。その理由を述べた次の文章中の空欄に適する語句を，下の①〜⑨からそれ
ぞれ一つずつ選べ。

　　C1割球は　ア　と　イ　に分化できていることから32細胞の段階ではどの
胚葉へ分化するかは決定して　ウ　。また　ア　は予定　エ　の細胞から
　オ　によって生じるから。

① 外胚葉　　② 中胚葉　　③ 内胚葉　　④ いる　　⑤ いない
⑥ 変異　　⑦ 変態　　⑧ 誘導　　⑨ 誘引

問4 **問3**の予想を確かめるため，C1割球を解離して単独で培養した結果，中胚葉
が形成される頻度は著しく低かった。しかし，32細胞期の胚のC1割球に青色蛍
光デキストランを注入し，その後2回の卵割を経てから，青色蛍光が見られる割球
集団のみを胚から切り出して培養した場合には，中胚葉の形成頻度が著しく増加し
た。この理由を述べた次の文章中の空欄に適する語句を，下の①〜ⓑからそれぞれ
一つずつ選べ。

　　C1由来の細胞は　カ　由来の細胞からの作用を　キ　ことにより　ク　へ
分化するが，この作用は　ケ　に起こるため。

① A1　　② B1　　③ C1　　④ D1　　⑤ 受ける
⑥ 受けない　　⑦ 外胚葉　　⑧ 中胚葉　　⑨ 内胚葉
⓪ 32細胞期以前　　ⓐ 32細胞期以降　　ⓑ 原腸胚期以降

問5 32細胞期の胚からC4割球を取り除き，そこへ青色蛍光デキストランを注入
した他の32細胞期の胚のC1割球を移植した。この移植胚を培養し発生を進めた
結果，C1割球を移植した側に二次胚の形成がみられた。この結果と**実験1**，およ
び**問4**の実験結果から考察できることについて述べた以下の文のうち，**適当でない**
ものをすべて選べ。
① C1割球由来細胞には，オーガナイザーとしての機能をもつものがある。
② 32細胞期よりも前に，C1割球がオーガナイザーになる。

③ D4割球には，C列のC1〜C4割球すべてをオーガナイザーに誘導する能力がある。

④ 移植されたC1割球は，D1割球がなくてもオーガナイザーとなることのできる性質を備えている。

⑤ 移植されたC1割球は，D4割球の誘導を受けてオーガナイザーとなることのできる性質を備えている。

⑥ 二次胚ができるときに新たに腹側に形成された原口背唇部の細胞には，青色の蛍光が観察される。

(千葉大・改)

17 神経堤・移動／誘導

図1はカエルの後期神経胚の胴部横断面図である。神経管は神経板の左右両端が隆起して背側でつながることで形成され，このつながる部位には神経堤（神経冠）と呼ばれる組織が存在する。神経堤は，神経管が形成される時期に遊離した細胞となり，左右へ移動し，定着した部位で分化する。神経堤を頭の方から順に，頭部神経堤，胸部神経堤，胴部神経堤，尾部神経堤の4部域に分けたとき，胴部神経堤からは色素細胞と交感神経細胞とが分化し，尾部神経堤からは色素細胞と副交感神経細胞とが分化する。

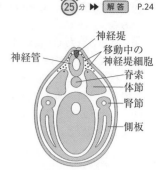

図1 カエルの後期神経胚の横断面図

問1 交感神経細胞と副交感神経細胞のどちらに分化したかを調べる方法と，判断の組合せとして適当なものを，次からすべて選べ。

① ノルアドレナリンとアセチルコリンのいずれを合成しているかを調べる。前者を合成していれば交感神経細胞と判断できる。

② ノルアドレナリンとアセチルコリンのいずれを合成しているかを調べる。後者を合成していれば交感神経細胞と判断できる。

③ ノルアドレナリンの合成に特異的に働く酵素のmRNAが存在するか調べる。存在していれば交感神経細胞と判断できる。

④ 神経伝達物質の合成に幅広く働く酵素のmRNAが存在するか調べる。存在していれば副交感神経細胞と判断できる。

⑤ ノルアドレナリンの合成に特異的に働く酵素の活性が存在するか調べる。存在していれば副交感神経細胞と判断できる。

問2 神経堤細胞の分化について，次の**仮説1〜3**を考えた。

仮説1 移動前の胴部神経堤は，色素細胞か交感神経細胞のどちらかに分化するようにすでに決定されている2種の細胞で構成されている。それぞれの細胞は異なる移動経路を進み，決まった部位に定着し，そこで最終的に分化する。同様に，移動前の尾部神経堤は色素細胞か副交感神経細胞のどちらかに分化するようにすでに決定されている2種の細胞で構成されている。

仮説2 移動前の胴部神経堤および尾部神経堤は，色素細胞，交感神経細胞，副交感神経細胞のいずれか一つに分化するようにすでに決定されている3種の細胞で構成されている。3種は均等に存在しており，3種とも同じ部位まで移動するが，そこでの環境要因によって，1種だけが最終的に分化し，残りの2種は死滅する。

仮説3 移動前の胴部神経堤および尾部神経堤は，色素細胞，交感神経細胞，副交感神経細胞のどれにでも分化できる細胞で構成されている。移動して定着し

た部位での環境要因によって，1種の細胞へ分化するように決定される。

　仮説1〜3の中でどの仮説が妥当かを調べるため，神経堤細胞が移動を開始する直前の発生段階の正常ニワトリ胚と，同じ発生段階の全身の細胞で緑色蛍光タンパク質(GFP)を合成するニワトリ胚(以下 GFP 胚と呼ぶ)とを多数用意し，次の**実験1〜3**を行った。なお，GFP は細胞に対して毒性はなく，細胞外に分泌されることもない。

実験1　GFP 胚から尾部神経堤組織を切り出し，その組織を正常胚胴部神経堤へ移植した。発生を進ませたところ，GFP を合成する細胞(GFP 陽性細胞)は色素細胞と交感神経細砲のどちらにも分化したが，副交感神経細胞には分化しなかった。次に GFP 胚から胴部神経堤組織を切り出し，その組織を正常胚尾部神経堤へ移植した。発生を進ませたところ，GFP 陽性細胞は色素細胞と副交感神経細胞のどちらにも分化したが，交感神経細胞には分化しなかった。

実験2　GFP 胚から胴部神経堤組織を切り出し，その組織を個々の細胞にバラバラに分離した。そこから，任意に1個の細胞を選び出し，正常胴部神経堤へ移植し，発生を進ませる実験を20回行った。その結果，GFP 陽性細胞は11回については色素細胞のみに分化し，9回については交感神経細胞のみに分化し，GFP陽性細胞が検出できない回はなかった。

実験3　GFP 胚から尾部神経堤組織を切り出し，その組織を個々の細胞にバラバラに分離した。そこから任意に1個の細胞を選び出し，正常胚胴部神経堤へ移植し，発生を進ませる実験を20回行った。その結果，GFP 陽性細胞は9回については色素細胞のみに分化し，11回については交感神経細胞のみに分化し，GFP陽性細胞が検出できない回はなかった。

　仮説と矛盾する結果が実験から得られた場合，その仮説は否定されることになる。**仮説1〜3**に対して**実験1〜3**のそれぞれの結果が否定的である場合は①を，否定的でない場合は②を記入し，下表を完成せよ。

	仮説1	仮説2	仮説3
実験1			
実験2			
実験3			

(千葉大・改)

18 ショウジョウバエの発生

ショウジョウバエの未受精卵には，母性効果遺伝子であるビコイドのmRNAが胚の前端に，ナノスmRNAが胚の後端に局在している。これらの局在パターンが前後軸の決定に重要な役割を果たしている。その後，細胞が増殖した胚は，やがて細胞群ごとに区画化されていく。これは母性効果遺伝子の産物（母性因子）が各種分節遺伝子の発現を制御し，その分節遺伝子から合成されるタンパク質が次の段階の分節遺伝子の発現を段階的に制御しているためである。最終的には各種ホメオティック遺伝子が体の各部位で発現し，体節ごとに決まった構造を生み出す。

ショウジョウバエの胚においてビコイド，ナノス，およびギャップ遺伝子の一種であるハンチバックのタンパク質は，前後軸に沿って，図1（正常胚）のような分布を示している。さらに，ビコイドの機能を失った突然変異胚でのハンチバックタンパク質の分布を図2に，遺伝子組換え技術によりビコイドを全身で発現させた胚におけるハンチバックタンパク質の分布を図3に示した。

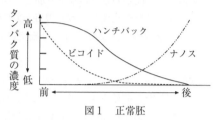

図1　正常胚

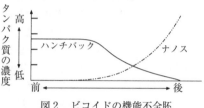

図2　ビコイドの機能不全胚

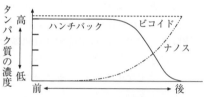

図3　ビコイドを全身で発現させた胚

問1 図に示した3種類の胚におけるタンパク質の分布パターンのうち，次の事実a～dに着目した。

a．図1と図2で，前方のハンチバックの量は図2の方が少ない。
b．図1と図2で，中央から後方へのハンチバックの勾配はほぼ同じである。
c．図1と図3で，中央部のハンチバックの量は図3の方が多い。
d．図1と図3で，中央から後方へのハンチバックの勾配は図3の方が大きい。

事実a～dから推定できることとして最も適当なものを，次の①～⑤からそれぞれ一つずつ選べ。ただし，同じ番号を繰り返し選んでよい。

① ビコイドはハンチバックの転写と翻訳の一方または両方を抑制する。
② ビコイドはハンチバックの転写と翻訳の一方または両方を促進する。
③ ビコイドはナノスの転写と翻訳の一方または両方を抑制する。
④ ビコイドはナノスの転写と翻訳の一方または両方を促進する。
⑤ ナノスはハンチバックの転写と翻訳の一方または両方を抑制する。

⑥ ナノスはハンチバックの転写と翻訳の一方または両方を促進する。
⑦ ナノスはビコイドの転写と翻訳の一方または両方を抑制する。
⑧ ナノスはビコイドの転写と翻訳の一方または両方を促進する
⑨ ハンチバックはビコイドの転写と翻訳の一方または両方を抑制する。
⓪ ハンチバックはビコイドの転写と翻訳の一方または両方を促進する。
ⓐ ハンチバックはナノスの転写と翻訳の一方または両方を抑制する。
ⓑ ハンチバックはナノスの転写と翻訳の一方または両方を促進する。

問2 図4の1, 2, 3では，それぞれギャップ遺伝子A，B，Cが発現している部位を脚注のように示している。これらB，CのタンパクはA遺伝子の発現を制御していることが知られている。図4の4, 5はそれぞれB，C遺伝子に突然変異が生じ，その機能が失われた胚におけるAのタンパク質の分布を示している。

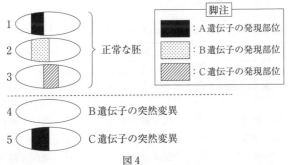

図4

遺伝子組換え技術を用いてBあるいはC遺伝子を胚全体で発現させた際のA遺伝子の発現部位を示す図として最も適当なものを，次から一つずつ選べ。

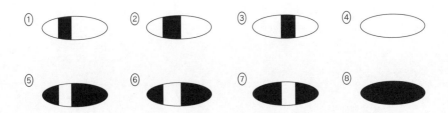

問3 一連のホメオティック遺伝子群はショウジョウバエでは染色体上の1箇所に，哺乳動物では4箇所に存在している。ある昆虫aは哺乳動物の祖先型遺伝子群1をもっている。この遺伝子群1と哺乳動物bのホメオティック遺伝子群の並び方を遺伝子群ごとに図5に示した。昆虫aの遺伝子群1から哺乳動物bの遺伝子群2〜5は合計5回の出来事によってつくりだされた。なお，これらのうち2回の出来事は全染色体の倍化であった。

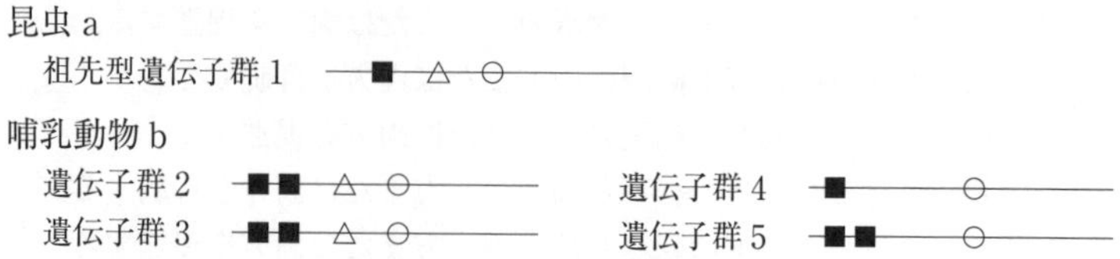

46　第2章　生殖と発生

昆虫a
　　祖先型遺伝子群1　　■　△　○

哺乳動物b
　　遺伝子群2　■■　△　○　　　　　　遺伝子群4　■　　　　　　○
　　遺伝子群3　■■　△　○　　　　　　遺伝子群5　■■　　　　　○

＊図中の■, △, ○はそれぞれの動物における相同なホメオティック遺伝子を示す。

図5

　各遺伝子群で起きた出来事を説明する次の文章の空欄に入るものとして最も適当なものを，下の①〜ⓐから一つずつ選べ。同じ番号を繰り返し選んでもよい。ただし，昆虫aの遺伝子群1は現在までに各遺伝子の構成，並び順に変化はないものとする。

　祖先型遺伝子群1をもつ祖先哺乳動物で，まず，　ア　が起きたと考えられる。その後，　イ　が起き，　ウ　と　エ　の配列をもつようになった。そして，　オ　が起きて　カ　の配列が生じ，　キ　と　ク　によって　ケ　の配列が生じた結果，図5の遺伝子群2〜5をもつようになったと考えられる。

① 全染色体の倍化　　② 遺伝子■の重複　　③ 遺伝子■の欠失
④ 遺伝子△の重複　　⑤ 遺伝子△の欠失　　⑥ 遺伝子○の重複
⑦ 遺伝子○の欠失　　⑧ 遺伝子群2　　　　⑨ 遺伝子群3
⓪ 遺伝子群4　　　　ⓐ 遺伝子群5

（東京海洋大・改）

19 植物の細胞分化

葉の表面では表皮細胞から毛が形成され,その毛はさまざまな生理機能をもっている。植物H(野生型)では,図1のように,1本の毛の周囲に表皮細胞とは異なる形態を示す補助細胞が6個形成される。これは,毛の細胞から物質Tが分泌され,周囲の細胞が物質Tを受容することによる。物質Tは,表皮細胞が毛に分化するのを防ぎ,かつ,毛の周囲の細胞を補助細胞に分化させる働きをもつ。植物Hには,毛の形成に関する2つの変異体,変異体Xおよび変異体Yがある。変異体Xは物質Tをつくることができず,変異体Yは物質Tを受容するタンパク質に異常がある。

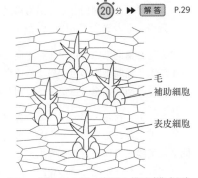

図1 植物Hの葉の表面の構造(模式図)

植物Hの葉における毛の形成過程を調べるため,次の**実験1**および**実験2**を行った。

実験1 植物Hの変異体Zは,細胞に色素が沈着する変異体であるが,それ以外の点においては野生型と同様に発生し成長する。野生型の葉および変異体Zの葉を細断し,それらを混ぜた状態で培養することでカルスを形成させ,さらに植物体を再分化させた。これにより,双方の植物体に由来する細胞が同一植物体内に混在する植物体が得られた。この植物の葉の毛を観察したところ,図2のように,毛に分化した細胞の周囲の6細胞は,2種類の植物体由来の細胞群の境界領域においても補助細胞に分化していた。

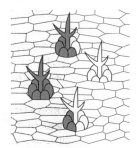

図2 【実験1】の結果
図の左側の濃い灰色の細胞は変異体Zの細胞を,右側の白色または淡い灰色の細胞は野生型の細胞をそれぞれ表す。

実験2 植物Hの変異体Xと変異体Yの葉では,図3のように,毛の周囲の細胞が補助細胞に分化せず,毛へと分化する。

実験1と同様の操作をすることにより,野生型と変異体Xの細胞が混在する植物体(野生・変異体X植物),および,野生型と変異体Yの細胞が混在する植物体(野生・変異体Y植物)をそれぞれ作製した。

図3 変異体Xおよび変異体Yの毛と周囲の細胞

問1 実験1の結果から,「毛と毛の周囲にある6個すべての補助細胞は,1つの同じ細胞から分裂して分化する」という仮説が肯定されるか否定されるか,また,そ

のように考えた理由として最も適当なものは次のア～ウのどれか。組合せとして最も適当なものを，下の①～⑥から一つ選べ。

ア．毛と補助細胞の色がすべて同じ場合があるから。
イ．毛と補助細胞の色が異なる場合があるから。
ウ．毛と補助細胞の色がすべて同じ場合と異なる場合が50%ずつだから。

① 肯定される・ア　　② 肯定される・イ　　③ 肯定される・ウ
④ 否定される・ア　　⑤ 否定される・イ　　⑥ 否定される・ウ

問2　**実験2**で作成した(1)野生・変異体X植物，および，(2)野生・変異体Y植物のそれぞれにおける毛とその周囲の細胞について，次の図①～③のうちから形成されるパターンをそれぞれすべて選べ。

(都立大・改)

第3章 動物の環境応答

20 抗体

⏱20分 ▶▶ 解答 P.30

タンパク質Zには，分子内に抗原として認識される部位が複数存在し，それぞれの抗原部位に対して異なる抗体がつくられる。ブタとヒトのタンパク質Zでは，抗原と認識される部位には，共通なものと互いに異なるものが存在しうる。このことを確かめるために，次の**実験1，2**を行った。

実験1 2匹のマウスに対し，ヒトおよびブタのタンパク質Zをそれぞれ抗原として注射した。その後，それぞれのマウスの血液より，ヒトおよびブタのタンパク質Zと反応する抗体を回収した。回収した抗体にはすべて色素を結合させた。色素を検出する装置を用いることにより，抗体の存在を確認できる。なお，抗体に色素を結合させても，抗体が抗原に結合する能力は保持されている。

実験2 次の**手順1〜3**を行った。

手順1：ヒトおよびブタのタンパク質Zをそれぞれ固着させた小型容器を2個ずつ用意する。この小型容器は，抗原を小型容器の底に，抗体と結合する能力を保持した状態で固着させることができる。この容器の中に抗体を含む溶液を加えた場合，底に固着している抗原と結合できるすべての抗体は，容器の底に抗原を介して結合する。抗原と結合しない抗体は，溶液中に残る。

手順2：**実験1**でヒトの抗原を注射したマウスから回収した抗体を含む溶液を，ブタのタンパク質Zを固着させた小型容器に加え，ブタの抗原を注射したマウスから回収した抗体を含む溶液を，ヒトのタンパク質Zを固着させた小型容器に加える。

手順3：各容器から，残った抗体を含む溶液を回収し，ヒトに対する抗体を含む溶液をヒトのタンパク質Zを固着させた新しい小型容器に加え，ブタに対する抗体を含む溶液をブタのタンパク質Zを固着させた新しい小型容器に加える。

問 上記の実験の目的と結果について述べた次の文章中の空欄に適する語句の組合せとして最も適当なものを，次ページの表の①〜⑧から一つ選べ。

　手順2は，ヒトとブタに ア 抗原部位があることを確認するために行った実験である。ヒトとブタに ア 抗原部位がある場合は，容器の底から色素が検出 イ 。**手順3**はヒトとブタに ウ 抗原部位があることを確認するために行った実験である。ヒトとブタに ウ 抗原部位がある場合は，それぞれの容器の底から色素が検出 エ 。

50　第3章　動物の環境応答

	ア	イ	ウ	エ
①	共通の	される	異なる	される
②	共通の	される	異なる	されない
③	共通の	されない	異なる	される
④	共通の	されない	異なる	されない
⑤	異なる	される	共通の	される
⑥	異なる	される	共通の	されない
⑦	異なる	されない	共通の	される
⑧	異なる	されない	共通の	されない

(お茶の水女大・改)

21 抗体標識

　抗体の可変部と呼ばれる部分は，抗体の種類によってアミノ酸配列が異なり，この可変部で特定の抗原と反応する。他の部分は定常部と呼ばれる。一種類の抗体は特定の抗原に対応し，強固に結合する。この性質を利用して，特定のタンパク質などの標的分子を抗原とする抗体を生物試料中の抗原に結合させることで，標的分子の存在を顕微鏡で観察することがよく行われている。動物に標的分子を注射し，この標的分子に対する抗体をつくらせて研究に用いる。抗体自体は無色なので，観察するために抗体に蛍光色素などで目印をつける必要がある。この「目印をつける」ことを標識と呼ぶが，標的分子に結合する抗体を直接標識するよりも，この標的分子に結合する抗体の定常部を抗原とする第二の抗体を標識して，標的分子に結合させた抗体にさらに結合させる方法が一般的である。

　ある細胞にタンパク質1とタンパク質2が発現しているか否かを調べるために，抗体を用いてこの二つのタンパク質を，赤と緑の別々の蛍光標識をすることによって同時に観察することにした。まずタンパク質1とタンパク質2に対する抗体 ア を細胞標本に反応させた後洗浄し，次に抗体の定常部を抗原とする標識した抗体 イ を反応させた後洗浄して観察した結果，タンパク質1とタンパク質2がそれぞれ核と細胞膜に分かれて発現していることが明らかになった。

問1 ア に当てはまる2種類の抗体として最も適当なものを，下表の①〜⑦から二つ選べ。

	抗体						
	①	②	③	④	⑤	⑥	⑦
抗　原	タンパク質1	タンパク質1	タンパク質2	ウサギ抗体定常部	ウサギ抗体定常部	ヤギ抗体定常部	ヤギ抗体定常部
抗体を作製した動物種	ウサギ	ヤギ	ウサギ	ヤギ	ニワトリ	ニワトリ	ニワトリ
標　識	なし	なし	なし	緑色蛍光	赤色蛍光	赤色蛍光	緑色蛍光

問2 イ に当てはまる2種類の抗体として最も適当なものを，問1の表の①〜⑦から二つ選べ。

(早大・改)

22 免疫寛容

一般に，免疫系は自己（自分である）と非自己（自分ではない）を認識し，自己と認識した細胞は受け入れるが，非自己と認識した細胞は拒絶することが知られている。

ヒトでは一卵性双生児間での皮膚移植は成立するが，二卵性双生児間では成立しない。ピーター・メダワー博士（ノーベル生理学・医学賞受賞）は，ウシの二卵性双生児間では皮膚移植が成立することを見出し，この成立の原因に「ウシの二卵性双生児では，胎生期に両者の血管が互いにつながっていることが多く，長期間にわたって血液が交換されている」ことが深く関係していると考え，ある仮説を立てた。

メダワー博士は，(a)この仮説を証明するために，遺伝的背景の異なる三系統のマウス（系統1，系統2，系統3）を用いて以下の実験を行った（下図）。

実験1 系統2マウスに，系統1マウスの皮膚を移植すると脱落した。
実験2 系統2マウスの胎児に系統1マウス由来の細胞を注射してから生まれたマウスに，系統1マウスの皮膚を移植すると生着した。
実験3 系統2マウスの胎児に系統1マウス由来の細胞を注射してから生まれたマウスに，系統3マウスの皮膚を移植すると脱落した。
実験4 実験2で皮膚が生着した系統2のマウスに，実験1で系統1の皮膚を拒絶した系統2マウスのリンパ球を注射した。

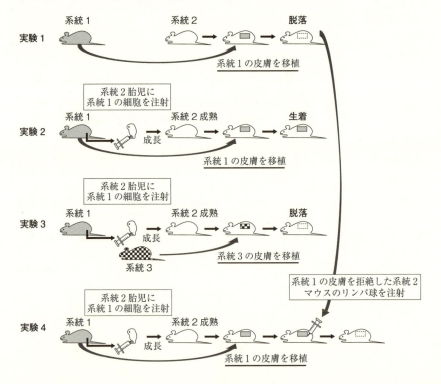

問1 実験4の結果はどのようになると考えられるか。次の文章中の空欄に当てはまる語句の組合せとして最も適当なものを，下表の①〜④から一つ選べ。

実験1で移植を受けた系統2マウスのリンパ球は，系統1の皮膚を ア と認識するため，皮膚片は イ する。

	ア	イ
①	自己	生着
②	自己	脱落
③	非自己	生着
④	非自己	脱落

問2 実験1〜3の結果はメダワー博士の仮説を支持する。下線部(a)の仮説として最も適当なものを，次から一つ選べ。
① 胎児期に非自己抗原が体内に存在した場合，その個体は成長後もすべての物質を自己と認識するようになる。
② 胎児期に非自己抗原が体内に存在した場合，その個体は成長後も抗体を産生する能力をもたない。
③ 胎児期に体内に存在する抗原は，非自己であっても自己と認識されるようになる。
④ 胎児期に体内に存在する抗原に対しては，成長後も抗体がつくられることはない。

(福井大・改)

23 におい受容体の特異性

⏱10分 ▶ 解答 P.32

　動物は，自身を取り巻く外部環境の変化に反応しながら生きている。ヒトがにおいを感じる場合は，空気中の揮発性の化学物質が適刺激となる。におい物質が嗅上皮に存在する嗅細胞で受け取られると，活動電位が発生する。発生した電気信号が中枢へ伝わると，嗅覚が生じる。嗅細胞の繊毛の表面にはにおい物質が結合する受容体（におい受容体）が存在する。ヒトでは約350種類，マウスでは約1000種類のにおい受容体が発見されている。

　受容体は特定の物質に対し高い特異性をもつ。このことから考えると，動物は自身がもつにおい受容体の種類の数だけ，においをかぎわけることになる。この考えを検証するために，以下の実験を行った。

実験　マウス由来のにおい受容体 v ～ z をそれぞれ発現した細胞と，マウスが異なるにおいとして受容する，構造が類似した10種類のにおい物質 A ～ J との結合の有無を調べ，表1に示す結果を得た。この結果から，　　　　　と推測される。

におい受容体	類似構造をもつにおい物質（A ～ J）									
	A	B	C	D	E	F	G	H	I	J
v	○	○		○	○		○	○		○
w		○	○			○		○	○	
x		○			○					○
y				○			○		○	
z	○				○		○		○	

表1　におい物質とにおい受容体の結合の有無
におい物質がにおい受容体に結合した場合を○印で示す。

問　上の文章中の空欄に入る文として最も適当なものを，次から一つ選べ。

① 　1種類のにおい物質は1種類のにおい受容体にのみ特異的に結合するため，マウスはにおい受容体の種類と同数種類のにおいだけを感知する

② 　におい物質は複数のにおい受容体に結合するため，受容体の種類の組合せを換えることによりにおい物質が区別され，マウスはにおい受容体の種類より多くの種類のにおいを感知する

③ 　類似構造をもつにおい物質は，同じにおい受容体に結合するため，マウスはにおい受容体の種類と同数種類のにおいだけを感知する

④ 　におい受容体は複数種類のにおい物質と結合し，におい物質の種類によって嗅細胞で発生する活動電位の大きさが異なるため，受容体でにおい物質が区別され，マウスはにおい受容体の種類より多くの種類のにおいを感知する

(同志社大・改)

24 ゾウリムシの繊毛運動

ゾウリムシは体表に多数の繊毛を有しており，その繊毛の運動によって水中を遊泳することができる。ビデオカメラを接続した実体顕微鏡を用いて，シャーレ中のゾウリムシの運動を観察し，さらに実験を行った。

観察1 前進遊泳しているゾウリムシの前端部が障害物にぶつかるなどの機械刺激を受けると，繊毛は逆方向に波打って（繊毛打逆転），すなわち尾側から頭側方向へ波打って，ゾウリムシは後進遊泳する。しばらく後進するとゾウリムシは停止し，その場で後端を支点にして頭をぐるぐる回す運動を行う。その後，繊毛は再び頭側から尾側方向へ波打って前進遊泳を再開する。一連の行動の結果，前進遊泳の方向が変化したため障害物を避けることができる。この行動は回避反応と呼ばれる。

観察2 細胞の後端部に細いガラス棒でつつくなどの機械刺激を与えると，前進遊泳の速度が大きくなる（正常打の強化）。この行動は逃走反応と呼ばれる。

実験1 ゾウリムシを界面活性剤であるトリトンX-100とキレート剤を含む溶液で処理を行った。トリトンX-100で細胞を処理すると細胞膜が破壊されて細胞は死ぬが，繊毛の運動装置は保たれる。また，キレート剤は溶液中の金属イオンを除去する働きをもつ。このような処理を施したゾウリムシを基本溶液へ入れ，表1に従ってATP，マグネシウムイオン，カルシウムイオンを添加して反応を観察した。

表1　ゾウリムシの遊泳実験

	添加物を＋で示す			ゾウリムシの反応
	ATP	マグネシウムイオン	カルシウムイオン	
溶液1	−	−	−	動かなかった
溶液2	＋	−	−	動かなかった
溶液3	−	＋	−	動かなかった
溶液4	−	−	＋	動かなかった
溶液5	＋	＋	−	前進遊泳を行った
溶液6	＋	−	＋	動かなかった
溶液7	＋	＋	＋	後進遊泳を行った

実験2 さらにゾウリムシの運動についてより詳細な手がかりを得るために，物理的に動けなくしたゾウリムシの体に細い電極を刺入して細胞膜の静止電位を計測した。その結果，静止電位は−25〜−30mVくらいであることがわかった。なお，この実験環境でのカリウムイオンとカルシウムイオンの細胞内外での濃度は表2のようであった。

表2　細胞内外のイオン濃度

	イオン濃度	
	カリウムイオン	カルシウムイオン
細胞内	20mM	1.0×10^{-7}M
細胞外	2mM	1mM

さらに，このゾウリムシに機械刺激を与えて膜電位の変化を計測した。

実験2－1 細胞の前端部に機械刺激を与えると，膜電位は図1aのように変化した。
実験2－2 細胞の後端部に機械刺激を与えると，膜電位は図1bのように変化した。

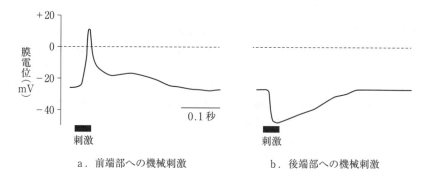

図1　ゾウリムシの機械刺激による膜電位の変化

問1 実験1から想定される仮説として最も適当なものを，次から二つ選べ。
① マグネシウムイオンは，繊毛の後進遊泳に必須であるが，前進遊泳には必要ではない。
② カルシウムイオンは，繊毛の前進遊泳に必須であるが，後進遊泳には必要ではない。
③ トリトンX-100処理を行うと繊毛打逆転のメカニズムは破壊される。
④ 繊毛運動にはマグネシウムイオンとATP分解酵素が関与している。
⑤ カルシウムイオンは，正常打の強化のメカニズムに必要である。
⑥ カルシウムイオンは，繊毛打逆転のメカニズムに必要である。
⑦ 繊毛運動は特定のイオンを必要としない。

問2 ゾウリムシの細胞膜には，機械刺激で開くカリウムチャネル，機械刺激で開くカルシウムチャネル，電位変化によって開くカリウムチャネル，電位変化によって開くカルシウムチャネルと能動輸送を行うカルシウムポンプなど多種のタンパク質が分布していると考えられている。ゾウリムシが機械刺激を受けると以下の一連の事象が生じると考えられる。

ゾウリムシの ア が，機械刺激を受けると イ が開いて ウ が細胞内へ流入する。その結果，膜電位が脱分極する。この電位の変化は細胞の表面を伝導し，その膜電位の変化によって エ が活性化する。この エ は，繊毛の細胞膜に分布していることが報告されている。さらに多くの ウ が細胞内へ流入し，一定濃度へ達すると繊毛運動の方向は逆転する。しばらくすると イ と エ が不活性化し，オ が活性化すると細胞質内の ウ の濃度が低下し，繊毛運動の方向は元へ戻る。

実験2の結果を参考にして，次の(1)と(2)に答えよ。

(1) 前ページの文章中の空欄 ［ ア ］ と ［ ウ ］ に入る語句の組合せとして最も適当なものを，次から一つ選べ。

	ア	ウ		ア	ウ
①	前端	カリウムイオン	②	前端	カルシウムイオン
③	前端	マグネシウムイオン	④	後端	カリウムイオン
⑤	後端	カルシウムイオン	⑥	後端	マグネシウムイオン

(2) 前ページの文章中の空欄 ［ イ ］，［ エ ］，［ オ ］ に入る語句として最も適当なものを，次からそれぞれ一つずつ選べ。ただし，同じものを複数回選んでもよい。

① 機械刺激で開くカリウムチャネル
② 機械刺激で開くカルシウムチャネル
③ 電位変化によって開くカリウムチャネル
④ 電位変化によって開くカルシウムチャネル
⑤ 能動輸送を行うカルシウムポンプ

問3 ゾウリムシの電気走性について述べた次の文章中の空欄 ［ キ ］ と ［ ケ ］ に入る語句の組合せとして最も適当なものを，下の①〜⑥から一つ選べ。

　ゾウリムシにはいろいろな走性があることが知られている。たとえば，ゾウリムシの入ったシャーレの両端に直流電流を流すとゾウリムシはマイナス極の周辺に集まる。この行動は負の電気走性(走電性)と呼ばれる。これは細胞体を横切って流れる電流のため，細胞のプラス極側では，膜電位は ［ カ ］ となり，マイナス極側では膜電位は ［ キ ］ となるためであると考えられている。たとえばゾウリムシの前端がマイナス極を向いている場合，細胞の前半の繊毛は ［ ク ］ し，後半の繊毛では ［ ケ ］ が生じる。前者よりも後者の推進力の方が大きいため，ゾウリムシはマイナス極へ向かう。

	キ	ケ		キ	ケ
①	過分極	繊毛打逆転	②	過分極	正常打の強化
③	脱分極	繊毛打逆転	④	脱分極	正常打の強化
⑤	再分極	繊毛打逆転	⑥	再分極	正常打の強化

(東邦大・改)

25 筋収縮のしくみ

次の図1は骨格筋の模式図である。

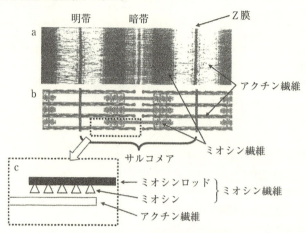

図1　骨格筋の筋原繊維の微細構造

aは電子顕微鏡写真，bは繊維の配置を示した模式図。cは模式図bの破線で囲った領域にあるミオシン繊維とアクチン繊維の配置を示した模式図。

ある研究者Xが，ミオシン（図1cの△印の部分だけ）を骨格筋から分離精製することに成功した。同時に，アクチン繊維（図1cの白抜き太線，▭）も精製できたので，この2つのタンパク質を使って次のような**実験1**を実施した。

実験1　まず，精製したミオシンを入れた溶液を顕微鏡用のスライドガラス上に広げて，ミオシンをガラス面に吸着させた。このとき，ミオシンは，ランダムな位置に吸着され，分子の向きも一定ではないと考えられる。次に，そこにATPと精製したアクチン繊維とを含む実験液を加えた。アクチン繊維は，光学顕微鏡でも観察できるように，蛍光色素で染色し，明るく光って見えるように工夫した。顕微鏡でアクチン繊維を1秒おきに観察したものが，図2である。

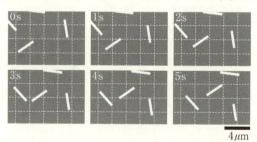

図2　実験1で，アクチン繊維を観察した結果

吸着したミオシンは光学顕微鏡では見えない。左上の数字は，時間（単位は秒）を示す。

研究者Xは，実験1の結果から，筋収縮と繊維の向きに関する次の4つの**仮説** i 〜 ivを考えた。

仮説 i ミオシンロッド(図1cの■■■)，ミオシン(△)，アクチン繊維(図1cの▭)のすべてに決まった方向性(⇒, ⇒, ▶の印)があり，そのすべてが決まった方向にそろっていることが滑り運動を引き起こす上で重要であるという仮説(図3(i))。

仮説 ii ミオシンロッド，ミオシンの方向性は特に関係なく(★や★の印)，アクチン繊維の方向性だけで，滑り運動の方向が決まるという仮説(図3(ii))。

仮説 iii アクチン繊維の方向性は特に関係なく(☆の印)，ミオシンロッド，ミオシンの方向性で，滑り運動の方向が決まるという仮説(図3(iii))。

仮説 iv 両方の繊維，およびミオシンともに方向性は重要ではなく，筋繊維の中の他の因子によって運動の方向が決まるという仮説(図3(iv))。

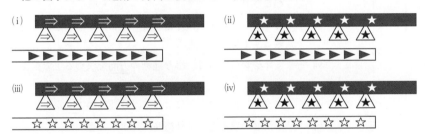

図3 滑り運動を説明する4つの仮説

実験1の成果を参考にして，別の研究者Yが，次のような新しい**実験2**を考案した。

実験2 ミオシンだけでなく，図1cで示されたミオシン繊維全体(ミオシンロッドとミオシンを合わせた複合体)を精製し，これを**実験1**と同じようにスライドガラスの表面に吸着させ，ATPと精製したアクチン繊維を含む実験液を加えた。ミオシン繊維，アクチン繊維，両方ともに，光学顕微鏡でも観察できるように異なる蛍光色素で染色し，光って見えるように工夫した。その結果を示したものが，図4である。

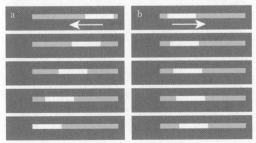

aは元の筋細胞の中と同じ方向，bはアクチン繊維の向きだけをaと逆にして互いに反対方向の組合せの繊維配置としたときの観察である。aでは，アクチン繊維が毎秒10μmで左方向へ，bでは毎秒2μmで右方向へ移動するのが観察された。白く示した繊維はアクチン繊維，灰色で示した繊維はミオシン繊維である。

4μm

図4 ミオシン繊維とアクチン繊維の方向を変えたときの滑り運動(0.1秒おきの写真記録)

60 第3章 動物の環境応答

問1 図3のそれぞれの**仮説 i 〜iv**に関して、**実験1**の結果がそれを支持する場合は①を、支持しない場合は②を、どちらともいえない場合は③をそれぞれ答えよ。

問2 筋収縮のしくみに関する下の表中に示したそれぞれの**仮説 v 〜xii**に関して、上で行った**実験1**と**実験2**の結果が、それを正しいと支持する場合は①を、支持しない場合は②を、どちらともいえない場合は③を、解答例にならって、下表の中に書き入れよ。

実験1	実験2		仮　　説
①	③	**解答例**	ミオシンを固定する物体は、人工的なものでも構わない
		v	平滑筋の筋収縮はアクチン繊維とミオシンによって引き起こされる
		vi	ミオシンが繊維状に連結していることが滑り運動を引き起こす上で重要である
		vii	ミオシンの向きは、滑り運動の<u>方向</u>を決める上で重要である
		viii	アクチン繊維の向きによって滑り運動の<u>方向</u>が決まる
		ix	平滑筋の収縮速度は骨格筋に比べると遅い
		x	タンパク質を精製する過程で、滑り運動活性に必要な成分が失われる
		xi	ミオシン繊維を蛍光色素で標識すると運動が抑制される
		xii	骨格筋の収縮速度は、摩擦や抵抗など、運動への負荷の大小で決まる

(中央大・改)

26 体内時計

20分 ▶▶ 解答 P.36

2017年のノーベル生理学・医学賞は「概日リズムを制御する分子機構の発見」に関して，アメリカの生物学者に授与された。概日リズムとは，種々の生理活性が約24時間周期で変動する現象である。概日リズムの原因遺伝子は長らく不明であった。この突破口となったのは，1971年にアメリカの生物学者が，概日リズムに異常があるショウジョウバエの変異体をオス2千匹の中から3系統スクリーニングしたことである。これら3種類の変異体は概日リズムが消失したもの，リズムの周期長が約19時間と短くなったもの，および，約28時間と長くなったものに対応しており，これらすべての変異がX染色体上の*period*(*per*)と名付けられた単一の遺伝子座に位置していた。

下線部の3種類の変異体(概日リズムが消失した*per*0，リズムの周期長が短くなった*per*S，および，長くなった*per*L)および野生型のオスのX染色体を組み合わせた二重変異体のメスを作成し，その表現型を観察した結果を表1に示す。以下の問いに答えよ。

表1　ショウジョウバエ二重変異体の遺伝子型と表現型

	遺伝子型		周期(時間)	表現型
	第一X染色体	第二X染色体		
実験1	野生型	野生型	24.4±0.5	正　常
実験2	*per*0	*per*0	リズム消失	リズム消失
実験3	*per*S	*per*S	19.5±0.4	短い周期
実験4	*per*L	*per*L	28.6±0.5	長い周期
実験5	*per*0	野生型	25.2±0.4	ほぼ正常
実験6	*per*S	野生型	21.9±0.4	中　間
実験7	*per*L	野生型	25.5±0.5	ほぼ正常
実験8	*per*S	*per*0	19.5±0.4	短い周期
実験9	*per*L	*per*0	30.6±1.3	長い周期
実験10	*per*S	*per*L	22.9±0.4	ほぼ正常

問1 表1の結果から推測できることとして，最も確からしいものを次から一つ選べ。

① *per*0 変異型遺伝子は野生型遺伝子に対して優性(顕性)である。

② *per*S 変異型遺伝子は野生型遺伝子に対して優性(顕性)である。

③ *per*L 変異型遺伝子は野生型遺伝子に対して優性(顕性)である。

④ *per*0 変異型遺伝子は *per*S 変異型遺伝子に対して優性(顕性)である。

⑤ *per*S 変異型遺伝子は *per*L 変異型遺伝子に対して優性(顕性)である。

⑥ *per*L 変異型遺伝子は *per*0 変異型遺伝子に対して優性(顕性)である。

62 第3章 動物の環境応答

問2 表1の二重変異体による相補性検定の結果のうち，3種類の変異体が同じ *per* 遺伝子上の変異であることを支持する結果はどれか，また，一見すると支持しないようにみえる結果はどれか，それぞれの組合せとして最も適当なものを，次から一つ選べ。

① *per*S と *per*0 の二重変異体の結果は支持するが，*per*L と *per*0 の二重変異体および *per*S と *per*L の二重変異体の結果は一見支持しない。

② *per*L と *per*0 の二重変異体の結果は支持するが，*per*S と *per*0 の二重変異体および *per*S と *per*L の二重変異体の結果は一見支持しない。

③ *per*S と *per*L の二重変異体の結果は支持するが，*per*S と *per*0 の二重変異体および *per*L と *per*0 の二重変異体の結果は一見支持しない。

④ *per*S と *per*0 の二重変異体および *per*L と *per*0 の二重変異体の結果は支持するが，*per*S と *per*L の二重変異体の結果は一見支持しない。

⑤ *per*S と *per*0 の二重変異体および *per*S と *per*L の二重変異体の結果は支持するが，*per*L と *per*0 の二重変異体の結果は一見支持しない。

⑥ *per*L と *per*0 の二重変異体および *per*S と *per*L の二重変異体の結果は支持するが，*per*S と *per*0 の二重変異体の結果は一見支持しない。

(慶應大(看護医療)・改)

27 アリの帰巣行動

　動物の行動の中で重要なものの一つが移動である。動物は食物や快適な環境などを求めて，さまざまな方法で移動を行う。移動行動にはさまざまな感覚が用いられ，嗅覚が移動行動に用いられることもある。

　餌場を見つけた1匹のアリが巣に帰ると，なかまのアリは巣からその餌場まで最短距離で移動する。最初に餌場を見つけたアリが餌場から巣に戻る際にある種の化学物質を地面に残しておき，なかまのアリはその化学物質をたどることによって移動する。

　では，最初に餌場を見つけたアリは，どのようにして巣に戻るのであろうか。ある種類のアリの行動をよく観察すると，アリは巣から出て餌場で食物を見つけるまでにあちこち歩き回る(図1 - ㋐)が，食物を見つけるとそこから巣まで，最短距離でまっすぐ戻っていたことがわかった(図1 - ㋑)。

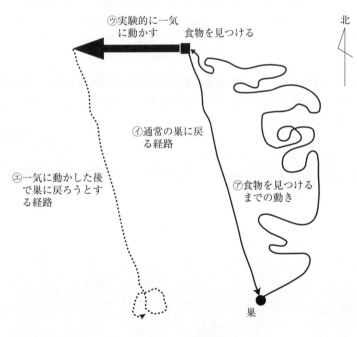

図1　アリの移動経路

　この観察に基づいて，アリが巣に戻る方法に関して，次ページの4つの**仮説**を立てた。

64 第3章 動物の環境応答

仮説Ⅰ アリは巣のにおいを記憶しており，餌場を見つけた後は，巣のにおいが強くなる方へと移動することにより巣に戻る。

仮説Ⅱ アリは巣のすぐそばの目印を記憶しており，餌場を見つけた後は，その目印を目指して巣に戻る。

仮説Ⅲ アリは餌場を見つけた場所から巣の方向の延長線上にある遠方の目印（例えば遠くに見える山）を記憶しており，その目印の方向に向かって進むことで巣に戻る。

仮説Ⅳ アリは巣を出てから歩き回った方向と距離を記憶し，それらを加算して現在地と巣との地理的関係を把握することによって，餌場から巣に戻る。

そして，これらの仮説について検討するために，以下の実験を行った。

実験 巣から出たアリが餌場で食物を見つけた時点で，図1の㋒の矢印のように，実験的にある方向にある距離（西方向に 10 m），アリを一気に動かした。その結果，アリの戻る経路は，あたかも巣も同じように移動したかのように，通常の巣に戻る経路から同じ方向に同じ距離（西方向に約 10 m）ずれた（図1 - ㋓）。

問 4つの仮説の中で，この実験結果が得られた場合に，否定されるのはどの仮説で，否定されないのはどの仮説か。それぞれの仮説について，否定される場合には①を，否定されない場合には②を答えよ。

(同志社大・改)

28 ミツバチダンス

ミツバチの集団では、ある1匹が餌場を見つけると、しばらくすると同じ巣にいるたくさんのなかまがその餌場にやってくる。オーストリアの生理学者フォン・フリッシュはこれを詳細に研究し、見つけた餌場の方向と餌場までの距離を、独特のダンスによってなかまに伝えること（ダンス言語）を明らかにした。ミツバチのダンス言語のような、個体間の情報伝達のようなかなり複雑な行動でも、その発現は生得的に決められている。

ミツバチのダンス言語には二種類の特徴的なものがある。餌場がおよそ50メートル以内のときには、ダンスは右回りと左回りの円を描くことを交互に繰り返す「円形ダンス」をする（図1）。その情報は、「巣の周囲およそ50メートルの近辺を探せ」というものである。一方、餌場がそれより遠い場合には、ある程度直進してから、右回りと左回りに回転して8の字を描くもので、まっすぐ歩くときに腹部を左右に振る「尻振り」をする。これを「8の字ダンス」と呼ぶ（図2）。この「8の字ダンス」により、餌場がどこにあるかをなかまのミツバチに知らせることができる。

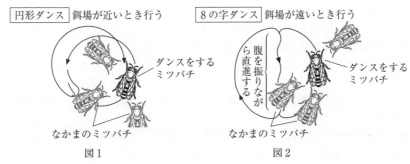

図1　　　　　　　　　　図2

近年、リレイらはダンス言語が実際どの程度有効なのかについて報告している（2005年, Nature 435:205-207）。この実験では、巣において8の字ダンスを目撃したなかまのミツバチを捕まえて、極小の無線装置を取り付け、実際の飛翔経路をレーダーで追跡した。また、この実験では、ダンス言語のみの有効性を正確に測定するため、餌場の餌には芳香のないものを用い、また、餌場は上空から直接見えないようにした。すると、すべてのミツバチは正しい方向に飛び、餌場の近くまで到達した。(a)しかし、餌場の付近までは到達するが、正確に餌場にたどり着けたのは19匹中2匹だけであった。

問1　下線部(a)にあるように、この実験では多くのミツバチは目的とする餌場にたどり着けなかった。その理由として最も適当なものを、次から一つ選べ。
① 8の字ダンスでは、餌場までの距離はわかるが方向はわからない。
② 8の字ダンスでは、餌場の方向はわかるが餌場までの距離はわからない。
③ 8の字ダンスは、餌場の方向も距離もどちらも正確ではない。
④ 餌場の正確な位置を知るには、視覚や嗅覚による手がかりが必要である。
⑤ 8の字ダンスは、天気のよいときにしか正確な情報を伝えられない。

66 第3章 動物の環境応答

問2 ある研究者は，系統Xと系統Yという2つの別々の系統のミツバチの「ダンス言語」について解析した。その結果，巣から餌場までの距離が40メートル以下である場合には，系統Xと系統Yの両者のミツバチとも「円形ダンス」をし，60メートル以上の場合では両系統のミツバチとも「8の字ダンス」をした。しかし，餌場が40メートルから60メートルの間にあった場合，系統Xのミツバチは「円形ダンス」をしたのに対し，系統Yのミツバチは「8の字ダンス」をした。これらの結果から，どのような仮説が立てられるか，最も適当なものを次から一つ選べ。

① 系統Xのミツバチの方が，飛翔速度が大きい。

② 系統Xのミツバチの方が，餌場を見つける能力が高い。

③ 系統Yのミツバチの方が，個体間の情報伝達能力が高い。

④ 系統Yのミツバチの方が，学習能力が高い。

問3 問2の仮説が正しいとした場合，仮に系統Xに特有の「8の字ダンス」を系統Xおよび系統Yのミツバチが目撃したとすると，それぞれの系統のミツバチは巣から飛翔した後，どのように行動すると予想されるか。下線部(a)を参考にして，最も適当なものを次から一つ選べ。なお，ここでは，餌場の餌には芳香はなく，また，餌場は上空からは直接見えないものとする。

① 両系統とも正しい方向に飛び，餌場にたどり着く。

② 両系統とも正しい方向に飛ぶが，餌場にたどり着くのは系統Xのみである。

③ 両系統とも正しい方向に飛ぶが，餌場にたどり着くのは系統Yのみである。

④ 系統Xは正しい方向に飛び，餌場にたどり着くが，系統Yは誤った方向に飛び，餌場にたどり着けない。

⑤ 系統Yは正しい方向に飛び，餌場にたどり着くが，系統Xは誤った方向に飛び，餌場にたどり着けない。

⑥ 両系統とも誤った方向に飛び，餌場にたどり着けない。

(東海大・改)

29 ネズミの迷路学習

動物の行動は生得的なものばかりではなく，生まれてからの経験に基づく学習も重要な役割を果たしている。例えば，迷路の入口にネズミを置き，餌を入口から遠いところに置くと，ネズミは何度も行き止まりに入り込んでしまい，なかなか餌のある場所に到達できない。しかし，迷路での経験を何度もくり返すうちに，行き止まりに入り込む失敗が減り，早く餌に到達できるようになる。

ネズミを用いた迷路学習の実験方法の一つに，水迷路と呼ばれる装置を用いたものがある。この装置では，着色した不透明な水を大きな円形の容器に満たし，水面より少し下に台を設置する。台は水面の下にあるので，ネズミはこれを見ることができない。実験では，ネズミを装置に入れてから，泳いで台に到達するまでの行動を観察する。ネズミは泳ぐことができるが，泳ぐことを好まないため，台に到達するとその上に乗り，その時点で泳ぐのを止める。

通常の条件（**条件1**）では，円形容器の周りにネズミから見えるように複数の目印を設置する。また，ネズミが泳ぎ出す出発点はその都度変更するが，台は常に同じ位置に設置する。このような条件で，ネズミは最初のうちは，長い時間泳ぎ続けた後に偶然台に到達するが（図1-ア），何度もくり返すうちに，どの位置の出発点からでも台に向かってほぼまっすぐ泳いで（図1-イ），短時間で台に到達できるようになる。

どのようにしてネズミが短時間で台に到達できるようになったのか，次ページの4つの**仮説**を立てた。

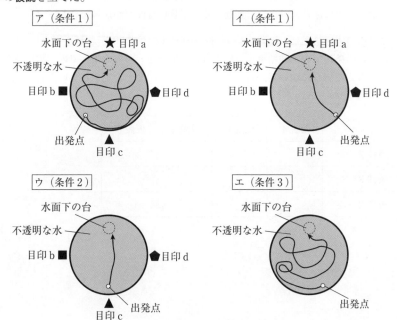

図1　水迷路でのネズミの移動経路

68　第3章　動物の環境応答

仮説Ⅰ　台が目印aの近くにあることを学習し，目印aのみを手掛かりとして用いてその方向に向かって泳ぐようになった。

仮説Ⅱ　台から水中に漂う何らかの化学物質を手掛かりとし，その濃度が濃い方に泳ぐことを学習した。

仮説Ⅲ　地磁気を用いて台の方向を把握し，その方向に向かって泳ぐことを学習した。

仮説Ⅳ　実験室の外から常に聞こえている音を用いて台の方向を把握し，その方向に向かって泳ぐことを学習した。

　これらの仮説について検討するため，すべてのネズミについてまず**条件1**での訓練を実施した後，半数については**条件2**の実験を，残り半数については**条件3**の実験を行い，以下に述べるような実験結果が得られた。

条件2　**条件1**の訓練によってネズミが短時間で台に到達できるようになった後に，4つの目印のうち1つを取りのぞき，3つしか利用できないようにした。その結果，どの目印を取りのぞいた場合でも，ネズミは台に向かって，ほぼまっすぐ泳いで，短時間で台に到達することができた（例として，目印aを取りのぞいた場合を，図1-ウに示す）。

条件3　**条件1**の訓練によってネズミが短時間で台に到達できるようになった後に，4つの目印すべてを取りのぞくと，ネズミは台に向かってまっすぐ泳ぐことができず，でたらめに泳ぎ回り，台に到達するまで長い時間がかかった（図1-エ）。

問　これらの実験結果は，上記の4つの仮説のどれを否定して，どれを否定しないか。それぞれの条件での実験結果を単独で考えた場合と，両方の条件での実験結果を総合して考えた場合について，否定される仮説には①を，否定されない仮説には②を下表に記入せよ。

	仮説Ⅰ	仮説Ⅱ	仮説Ⅲ	仮説Ⅳ
条件2				
条件3				
条件2＋3				

（同志社大・改）

30 ゼブラフィッシュの記憶と行動

⏱15分 ▶ 解答 P.40

多くの魚類は視覚，嗅覚，地磁気などの情報によって自分の位置を把握し，遊泳場所や空間を記憶する。新たな空間を見つけると，そこに侵入して探索する遊泳行動を示す。モデル魚類として実験に多用されているゼブラフィッシュの記憶と行動の特徴を調べるため，次の**実験1**と**実験2**を行った。

実験1 下の図1のように，3つの水槽をY字型につなげた水槽（Y字型水槽という）の中心部にゼブラフィッシュを1匹入れ，10分間の遊泳行動を観察した。図1のように各水槽の両側と端には，それぞれ×，△，□の印を配置した。十分な回数の実験を行って，各水槽部分に滞在した時間を計測したところ，右の図2のグラフのような結果になった。

図1

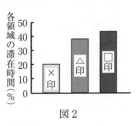
図2

実験2 ゼブラフィッシュの記憶に基づいた行動を調べる実験を行った。下の図3のように，Y字型水槽（各水槽の両側と端には□，△，○の印を配置）の○印の領域を板で覆って塞いだ状態で□印の部分にゼブラフィッシュを1匹入れて5分間置いた。次に板を取り去り，10分間の遊泳行動を観察した。十分な回数の実験を行って，各水槽部分に滞在した時間を計測したところ，右の図4のグラフのような結果になった。次にゼブラフィッシュを別の水槽に移して1時間または6時間経った後に，どの領域も塞いでいないY字型水槽の中央部に入れ，10分間の行動を観察した。十分な回数の実験を行って，各水槽部分に滞在した時間を計測したところ，右の図5のグラフのような結果になった。

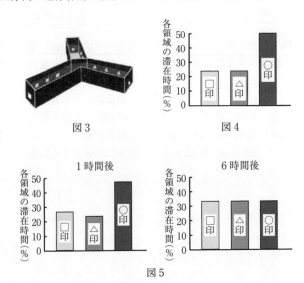
図3　図4
図5

70 第 3 章　動物の環境応答

問1　**実験1**の結果より，次の仮説を考えた。

仮説　ゼブラフィッシュは視覚によって図形を捉えることができ，×印を嫌う性質を示す。

しかし，**実験1**の結果だけでは，この仮説以外の可能性も否定できない。では，さらにどのような実験を行い，どのような結果が示されればこの仮説が正しいと判断できるか。次の文章中の空欄に当てはまる語句の組合せとして最も適当なものを，下表から一つ選べ。

　ア　を除き，それ以外は**実験1**と同じ条件で実験を行い，　イ　ことを示せばよい。

	ア	イ
①	すべての印	各水槽の滞在時間に差がない
②	すべての印	実験1と同じ結果になる
③	△印と□印	各水槽の滞在時間に差がない
④	△印と□印	△印と□印のなくなった部分の滞在時間が長くなる
⑤	×印	実験1と同じ結果になる
⑥	×印	×印のなくなった部分の滞在時間が長くなる

問2　ゼブラフィッシュの空間などに対する記憶に基づいた行動の特徴に関して，**実験2**の結果より導かれる記述として最も適当なものを，次から一つ選べ。
① 記憶に基づいた行動は，ほとんどできない。
② 記憶に基づいた行動は，1時間経つとできなくなる。
③ 記憶に基づいた行動は，6時間経つとできなくなる。
④ 記憶に基づいた行動は，何時間経過してもずっとできる。
⑤ 記憶に基づいた行動は，徐々にできるようになる。

（富山大・改）

第4章 | 植物の環境応答

31 フォトトロピンによる葉緑体の再配置

光屈性が赤色光では起こらず,青色光で起こることから,青色光を吸収するフォトトロピンの存在が明らかになった。フォトトロピンは葉の葉緑体の移動にも関与し,フォトトロピンには,光の強さによって応答性が異なるP_1とP_2の2種類がある。そこで,正常なナズナ(正常株),P_1が合成できないナズナ(P_1^-株),P_2が合成できないナズナ(P_2^-株)を用意し,葉の葉緑体の移動に関して,次のような実験を行った。

実験1 正常株の葉に一定時間弱い青色光を当てると,細胞内の葉緑体は,葉の上下の面に整列した(図1)。この,弱い青色光に対する反応を集合反応と呼ぶ。次に,正常株の葉に一定時間強い青色光を当てると,細胞内の葉緑体は,葉の側面に整列した(図2)。この,強い青色光に対する反応を逃避反応と呼ぶ。

実験2 P_1^-株の葉に表側から一定時間弱い青色光を当てると,細胞内の葉緑体に,集合反応がみられた。次に,P_1^-株の葉に一定時間強い青色光を当てると,細胞内の葉緑体に逃避反応がみられた。

実験3 P_2^-株の葉に表側から一定時間弱い青色光を当てると,細胞内の葉緑体に,集合反応がみられた。次に,P_2^-株の葉に一定時間強い青色光を当てると,細胞内の葉緑体に逃避反応はみられなかった。

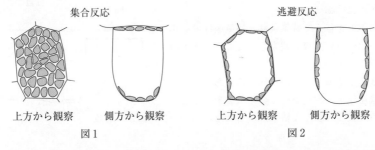

問 実験1〜3の結果から,葉緑体の集合反応と逃避反応のしくみについて推測した記述として最も適当なものを,次から一つ選べ。ただし,青色光を受容して反応する物質は,P_1,P_2のみであるものとする。

① P_1は集合反応のみを誘導し,P_2は逃避反応のみを誘導する。
② P_1は逃避反応のみを誘導し,P_2は集合反応のみを誘導する。
③ P_1は集合反応のみを誘導し,P_2は集合反応と逃避反応の両方を誘導する。
④ P_1は逃避反応のみを誘導し,P_2は集合反応と逃避反応の両方を誘導する。
⑤ P_1は集合反応と逃避反応の両方を誘導し,P_2は集合反応のみを誘導する。
⑥ P_1は集合反応と逃避反応の両方を誘導し,P_2は逃避反応のみを誘導する。

(畿央大・改)

32 アミラーゼ誘導

イネやコムギなどの穀類の種子は胚乳にデンプンを貯蔵する。これらの種子では，吸水すると胚で植物ホルモン A が合成され，それが胚乳を包んでいる糊粉層の細胞に作用してアミラーゼの合成を誘導する。アミラーゼは胚乳中のデンプンを糖に変える。この糖を利用して呼吸によりエネルギーを得ることにより，胚は成長して発芽する。

イネとコムギの発芽における酸素の必要性を調べたところ，イネは嫌気条件でも発芽するが，コムギは発芽しないことがわかった。そこで，イネとコムギの嫌気条件下での発芽反応の違いの原因を探るため下記の3つの実験を行った。

実験1 イネとコムギの種子を好気条件と嫌気条件で吸水させ，胚乳中のデンプン含量の変化を測定したところ，図1のような結果が得られた。

実験2 イネとコムギの種子を図2のように切断し，それぞれの無胚種子片に植物ホルモン A の溶液を与えて好気条件と嫌気条件でアミラーゼ合成の誘導を調査したところ，表1のような結果が得られた。

実験3 イネ種子とコムギ種子に水あるいは糖溶液を与え，嫌気条件で発芽試験を行ったところ，表2のような結果が得られた。

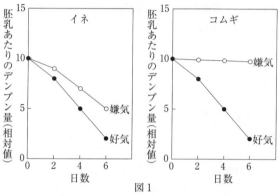

図1

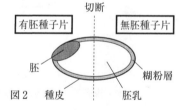

図2

表1

	好気条件	嫌気条件
イネ	○	○
コムギ	○	×

○：アミラーゼ合成が誘導された。
×：アミラーゼ合成が誘導されなかった。

表2

	水	糖溶液
イネ	○	○
コムギ	×	○

○：発芽した。
×：発芽しなかった。

問1　実験1の結果から，吸水後のイネとコムギの種子中のアミラーゼ活性は嫌気条件ではどのように変化すると考えられるか。右のそれぞれのグラフの①～⑥から最も適当なものを一つずつ選べ。なお，好気条件では，それぞれ●で示したようなアミラーゼ活性の変化がみられた。

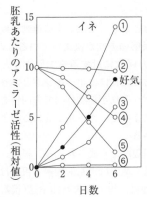
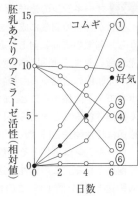

問2　実験1～3の結果をふまえて，次の文章(1)～(5)のうち，否定できるものには①を，否定できないものには②を答えよ。
(1)　コムギ種子は嫌気条件下で植物ホルモン A が合成できない。
(2)　コムギ種子は発酵ができない。
(3)　植物ホルモン A は嫌気条件下のコムギの糊粉層ではアミラーゼの合成を誘導できない。
(4)　コムギ種子は嫌気条件で水は吸収できるが糖溶液は吸収できない。
(5)　コムギのアミラーゼは嫌気条件下ではデンプンを糖に変えることができない。

(神戸大・改)

33 オーキシンの輸送

植物が外界の刺激に成長をともなって反応する運動を成長運動と呼び，成長運動のうち，刺激の方向に対して反応の方向が決まっているものを屈性と呼ぶ。屈性には，光刺激に対する光屈性や重力刺激に対する重力屈性などがある。光屈性の研究から，植物の成長にはオーキシンという植物ホルモンが関係すること，また，それが植物体内で方向性をもって輸送されることが明らかになった。オーキシンのこのような輸送は極性輸送と呼ばれている。

オーキシンは茎頂とその周辺部で合成された後，根端へ向けて輸送される。この極性輸送を茎では求基的輸送，根では求頂的輸送と呼ぶ(図1)。この他に，根では求基的輸送(根端から茎に近い側への輸送)があることも知られている(図1)。

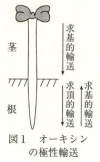

図1　オーキシンの極性輸送

根の成長と根でのオーキシンの極性輸送との関係を，**実験1**のようにして調べた。

実験1　図2のように，ソラマメの芽生えの根に根端から1mmごとに墨で印を付け，根端から2mmの位置にオーキシンをラノリン(脂質の1種)に含ませて塗布して与えた。また別の根に根端から5mmの位置で同様にオーキシンを与えた。これらの根を培養し，それぞれの根の成長を，オーキシンを含まないラノリンを塗布した根の場合と比較して，図3に示す結果を得た。

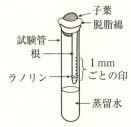

図2　ソラマメの根のオーキシン処理

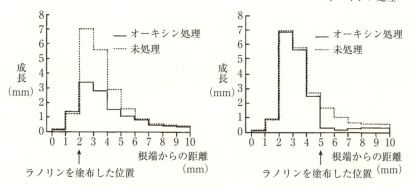

図3　オーキシンを与えた位置とソラマメの根の成長

問1 図4は，根または茎に与えたオーキシンの濃度とそれらの成長に及ぼす効果との関係を示している。曲線A，Bは根，茎のいずれについて示したものか。最も適当な記述を次から一つ選べ。

① オーキシンに対する感受性は茎よりも根の方が高いため，Aが茎，Bが根である。

② オーキシンに対する感受性は茎よりも根の方が高いため，Aが根，Bが茎である。

③ 伸長を最も促進するオーキシンの最適濃度は茎よりも根の方が高いため，Aが茎，Bが根である。

④ 伸長を最も促進するオーキシンの最適濃度は茎よりも根の方が高いため，Aが根，Bが茎である。

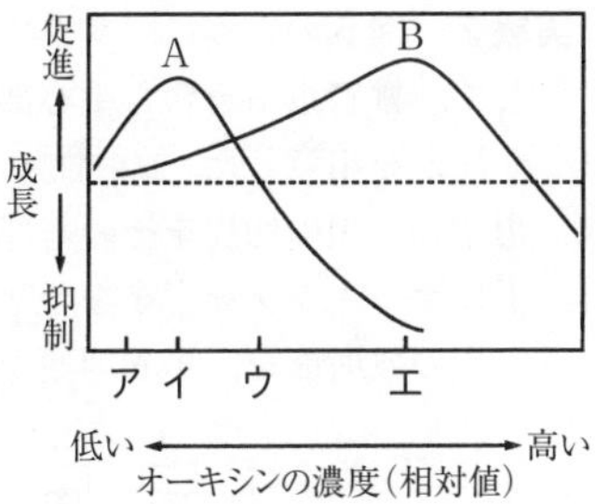

図4　与えたオーキシンの
濃度と植物の成長

問2 実験1で与えたオーキシンの濃度は，図4のア〜エのいずれと考えられるか。最も適当なものを次から一つ選べ。。

① ア　　　② イ　　　③ ウ　　　④ エ

問3 実験1の結果から，与えたオーキシンは主に求頂的輸送と求基的輸送のどちらで輸送されていると考えられるか，最も適当な記述を次から一つ選べ。

① オーキシンによる作用が塗布部よりも根端側でのみみられるため，求頂的に輸送されていると考えられる。

② オーキシンによる作用が塗布部よりも根端側でのみみられるため，求基的に輸送されていると考えられる。

③ オーキシンによる作用が塗布部よりも基部側でのみみられるため，求頂的に輸送されていると考えられる。

④ オーキシンによる作用が塗布部よりも基部側でのみみられるため，求基的に輸送されていると考えられる。

⑤ 塗布部から基部方向に向かうにつれて成長が小さくなっていくため，求頂的に輸送されていると考えられる。

⑥ 塗布部から基部方向に向かうにつれて成長が小さくなっていくため，求基的に輸送されていると考えられる。

⑦ 塗布部から根端方向に向かうにつれてオーキシンの作用が小さくなっていくため，求頂的に輸送されていると考えられる。

⑧ 塗布部から根端方向に向かうにつれてオーキシンの作用が小さくなっていくため，求基的に輸送されていると考えられる。

問4 根でのオーキシンの求頂的輸送と求基的輸送が，根のどの部域で起こっているかを調べるため，次の実験2を行った。

実験2 図5のように、ソラマメの根の根端3mmから6mmまでの部分を切り出して、維管束系を含む中心部を取り除き針金を通してふさいだ切片と、未処理の切片とを用意した。放射性炭素¹⁴Cで標識したオーキシンを含んだ寒天片の上に、用意した根の切片をその基部側または根端側が下になるように置き、さらにその上にオーキシンを含まない寒天片を置いて培養した。根の切片の上側に置いた寒天片の放射能を、培養開始から1時間ごとに測定して、図5に示す結果を得た。

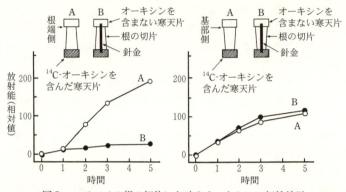

図5 ソラマメの根の切片におけるオーキシンの極性輸送

実験2の結果から、オーキシンの輸送が起こっている部域について考えられることがらとして最も適当なものを、次から一つ選べ。

① 求頂的輸送は主に中心部で起こっているが、求基的輸送は主に中心部よりも外側の部域で起こっている。
② 求頂的輸送は主に中心部よりも外側の部域で起こっているが、求基的輸送は主に中心部で起こっている。
③ 求頂的輸送と求基的輸送は、いずれも、主に中心部で起こっている。
④ 求頂的輸送と求基的輸送は、いずれも、主に中心部よりも外側の部域で起こっている。

問5 根端には、根の頂端分裂組織を覆っている根冠と呼ばれる部分がある。根の重力屈性において、根冠が重力刺激の感受と伝達に関わっていることを明らかにするために、ある植物の根を用いて次の**実験3**を行った。

実験3 図6のように、水平に置き6時間培養して重力屈性を示した根から根冠を切除した(図6A)。その根冠を、垂直に置き培養したあとで根冠を切除した別の根(図6B)に接いだ(図6C)。その根を垂直のまま、さらに4時間培養して、図6Dの結果を得た。

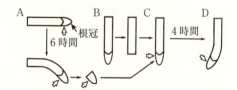

図6 根の重力屈性と根冠の影響
⇧はAの根の下側を示す。

実験3の図6Dの屈曲は，根冠で感受された重力刺激の伝達によって生じたと考えられている。最近の研究では，根冠内で，重力刺激によってオーキシンの分布に偏りが生じることが明らかになっている。これらのことをふまえて，水平に置かれた根が重力屈性を示すしくみに関して述べた次の文章中の空欄に当てはまる語句の組合せとして最も適当なものを，下表の①〜⑧から一つ選べ。

オーキシンは茎から根の先端部へ向かって輸送され，根冠に達すると輸送される方向が変化し，根の成長部域へ輸送される。水平に置いた根では， オ の変化により重力方向を感知した根冠において，オーキシンが カ へ輸送される。成長部域のオーキシン濃度は キ 高くなり，最適濃度が低い根では カ の相対的成長量が ク する。その結果，根は下方へ屈曲する。

	オ	カ	キ	ク
①	アミロプラストの分布	上方	下方よりも上方で	上昇
②	アミロプラストの分布	上方	下方よりも上方で	低下
③	アミロプラストの分布	下方	上方よりも下方で	上昇
④	アミロプラストの分布	下方	上方よりも下方で	低下
⑤	平衡細胞の膨圧	上方	下方よりも上方で	上昇
⑥	平衡細胞の膨圧	上方	下方よりも上方で	低下
⑦	平衡細胞の膨圧	下方	上方よりも下方で	上昇
⑧	平衡細胞の膨圧	下方	上方よりも下方で	低下

(山形大・改)

34 アベナテスト

オーキシンは，植物の成長や環境刺激に対する応答などに働く植物ホルモンとして知られている。オーキシンが茎などの成長を促進することを利用して，植物に含まれるオーキシン量を測定するため次の**実験1**と**実験2**を行った。なお，ここではオーキシンはインドール酢酸(IAA)とする。また，この実験は暗所で行われ，IAAの濃度は最大でも2.0mg/Lを超えないものとする。

実験1
(1) マカラスムギ(アベナ)の種子を暗所で発芽させ，幼葉鞘が約20mmの長さになるまで育てた。
(2) 幼葉鞘の先端5mmを切り取り(図1 a，b)，いろいろな濃度のIAA溶液を含んだ寒天片を，幼葉鞘の切り口の片側にのせた(図1 c)。3時間後，幼葉鞘はIAAを含む寒天片がのっていない側に屈曲していた。このときの角度を屈曲角とする(図1 d)。
(3) その結果，寒天中のIAA濃度と屈曲角には図2のような関係があることがわかった。

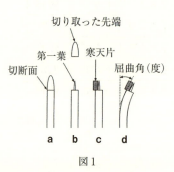

図1

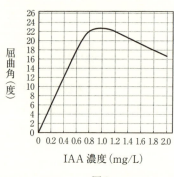

図2

実験2 実験1の方法と結果を利用して，エンドウの芽生えの各部位に含まれるIAA量を推定する実験を行った。
(1) 図3に示すように，暗所，25℃で生育したエンドウ芽生えから，幼葉を含む先端，茎，根を切り出した。
(2) (1)で得られた先端，茎，根の重さをそろえ，各試料からIAAを含む溶液を抽出し同じ液量とした。
(3) これらの抽出液を含んだ寒天片を作成し，実験1と同様にマカラスムギ幼葉鞘を用いて屈曲角を測定した。このとき，得られた植物抽出液を水で2倍に希釈したものについても同様な実験を行い，屈曲角を測定した。その結果を次ページの表1に示す。

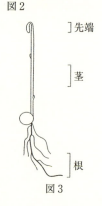

図3

問1 実験1で寒天に加えたIAAのマカラスムギ幼葉鞘の屈曲に対する作用についての説明として最も適当なものを，次から一つ選べ。

① IAAは，寒天片をのせた側の反対側の下方に移動し，のせていない側の幼葉鞘の成長を促進する。

表1

	屈曲角(度)		
	先端	茎	根
抽出液	22	12	22
2倍に希釈した抽出液	18	6	12

② IAAは，寒天片をのせた側の下方に移動し，のせた側の幼葉鞘の成長を促進する。

③ IAAは，下方に移動することなく寒天片をのせた部分で働いて，のせた側の成長を促進する。

④ IAAは，寒天片をのせた側の第一葉を通って下方に移動し，のせた側の幼葉鞘の成長を抑制する。

問2 実験1（図2）の結果から，与えたIAAの濃度とマカラスムギ幼葉鞘の成長の関係についての説明として**誤っているもの**を，次から一つ選べ。ただし，IAA濃度は$0 \sim 2.0$mg/Lの範囲で考えるものとする。

① 濃度が$0 \sim 0.7$mg/Lの範囲では，濃度の増加にともない成長が促進される。

② 濃度が$0.8 \sim 1.2$mg/L付近では，濃度の違いによる成長促進効果に大きな差はみられない。

③ 成長が最も促進される濃度があり，それを超えると成長が抑制される。

④ 異なる濃度でも同じ程度の成長促進をもたらす場合がある。

問3 実験2の結果から考えられる，エンドウ芽生えの各測定部位に含まれるIAA量についての説明として最も適当なものを，次から一つ選べ。

① 先端に含まれるIAA量は最も多く，茎のおよそ3倍である。

② 先端と根には，ほぼ同じ量のIAAが含まれる。

③ 根に含まれるIAA量は，茎のおよそ5倍である。

④ 根，先端，茎の順に，含まれるIAAの量は少なくなる。

⑤ 先端，茎，根の順に，含まれるIAAの量は少なくなる。

（センター試験）

80　第4章　植物の環境応答

35　ジベレリンの作用に対する温度の影響　⏱15分 ▶ 解答 P.46

　植物の成長に関わる根の温度とジベレリンとの関係を明らかにするために2つの実験を行った。次の記述について問1～4に答えよ。

　根の温度(根温)は根の成長を左右する重要な要因であり，根温の違いによって根の伸長成長が変化する。ジベレリン(GA)は，細胞壁のセルロース繊維を一定方向に合成し，植物細胞の伸長を促進する植物ホルモンであり，*GA3ox* 遺伝子の働きによって合成され，*GA2ox* 遺伝子の働きによって不活性化される。したがって，以下の**仮説**が考えられる。

> **仮説**　根温による根の伸長成長の変化は，*GA3ox* と *GA2ox* による，根における活性をもつ GA 量の変化によって調節される。

　そこで，水耕栽培されたキュウリを実験材料に用い，**実験1**では根の伸長成長に及ぼす根温と GA 投与の影響について，**実験2**では根の *GA3ox* と *GA2ox* の発現に及ぼす根温の影響について検討した。

実験1　根温は水耕液の温度を調節して22℃と16℃に設定した。水耕液に GA を投与しなかったもの(−)と投与したもの(＋)を設け，根温と GA 投与の有無を組み合わせて合計4通りの条件で植物を生育させた。気温は25℃に統一し，10日後に，伸長した根の長さを計測した。その結果を表1に示した。

実験2　根温は水耕液の温度を調節して22℃と16℃に設定した。気温は25℃に統一し，10日後に，根の *GA3ox* と *GA2ox* の発現量を測定した。その結果を表2に示した。

表1　根温と GA 投与がキュウリの根の
　　　伸長量に及ぼす影響

根温	GA 投与	根の伸長量(cm)
22℃	−	58
	＋	65
16℃	−	45
	＋	59

「−」は GA 投与なし，「+」は GA 投与ありを示す

表2　根温がキュウリの根の *GA3ox* と
　　　GA2ox の相対発現量に及ぼす影響

根温	相対発現量	
	GA3ox	*GA2ox*
22℃	1.0	1.0
16℃	0.3	6.0

問1　実験1(表1)の結果に関する次の記述ア～ウのうち，正しいものを過不足なく含む組合せを，次ページの①～⑦から一つ選べ。

　ア．根の成長は16℃よりも22℃で促進される。

　イ．根の伸長量は「22℃・GA−」では「16℃・GA＋」よりも少ないので，根の成長は22℃で促進されるとはいえない。

　ウ．根の成長は GA の投与によって促進される。

① ア　　② イ　　③ ウ　　④ アとイ
⑤ アとウ　　⑥ イとウ　　⑦ アとイとウ

問2 **実験2**（表2）の結果から予測される，根における活性をもつ GA 量として最も適当なものを，次から一つ選べ。

① 22℃よりも16℃で減少する

② 16℃よりも22℃で減少する

③ 根温の影響を受けない

問3 **問2**の理由を説明する正しい記述として最も適当なものを，次から一つ選べ。

① 16℃では *GA3ox* の発現量が *GA2ox* の発現量よりも低いから。

② 16℃では22℃よりも *GA3ox* の発現量が低下し，*GA2ox* の発現量が増加するから。

③ 22℃では2つの遺伝子の発現量に差が無いから。

問4 **仮説**の検証に関する正しい記述として最も適当なものを，次から一つ選べ。

① 根温が変化すると根の伸長量が変化したので，仮説は証明された。

② GA を投与すると根の伸長量が増えたので，仮説は証明された。

③ 根における，活性をもつ GA 量が増えたので，仮説は証明された。

④ 根における，活性をもつ GA 量を測定していないので，仮説は証明されていない。

(日大・改)

第4章 植物の環境応答

82 第4章 植物の環境応答

36 気孔の開閉と光　　　　　　　　　　　　25分 ▶ 解答 P.47

　植物の葉では，表皮にある気孔が開いたときに，水が蒸散し，光合成や呼吸に関係する CO_2 や O_2 の交換が行われる。気孔はそれをはさむ一対の孔辺細胞の膨圧の増減に応じて開閉する。気孔の開閉はさまざまな要因によって制御されている。葉の細胞間隙（葉の内部の細胞と細胞の間の隙間）の CO_2 濃度は気孔の開閉に及ぼす重要な要因である。細胞間隙の CO_2 濃度が下がると気孔は開き，細胞間隙の CO_2 濃度が高くなると気孔は閉じる。また，ツユクサのような C_3 植物の葉では，葉に当たる光が強くなると気孔は開き，当たる光が弱くなると閉じる。

　ある C_3 植物の葉の気孔開度と当てる光との関係について，光学顕微鏡を用いて観察した。この C_3 植物の葉の剥離表皮に強い赤色光を当て続けると，剥離表皮の気孔開度は表1の条件(a)のような時間変化を示した。また強い青色光だけを剥離表皮に当て続けると，気孔開度は表1の条件(b)のようになった。どちらの色の光を当てたときにも，それ以上光を強くしても気孔開度の時間変化に影響はみられなかった。次に，この C_3 植物の剥離表皮に強い赤色光を当て始めて2時間後から，強い赤色光に加えて弱い青色光（強い青色光の20分の1の強さの光）も剥離表皮に当て続けると，気孔開度は表1の条件(c)のように変化した。

表1　ある C_3 植物の葉の剥離表皮に光を当て始めてからの時間と，剥離表皮の気孔開度の変化。条件(a)では強い赤色光，条件(b)では強い青色光を当て続けた。条件(c)では強い赤色光を当て始めて2時間後から強い赤色光と同時に弱い青色光を当て続けた。気孔開度は相対値である。

光を当て始めてからの時間(時間)	0	1	2	3	4
条件(a)の気孔開度(相対値)	0	2	3	3	3
条件(b)の気孔開度(相対値)	0	9	10	10	10
条件(c)の気孔開度(相対値)	0	2	3	10	10

問1　表1に示された結果が得られたのはどのようなしくみによると考えられるか。このしくみに関するさまざまな仮説を検討したところ，以下の二つに絞られた。

　仮説1　赤色光と青色光はそれぞれ独立に気孔の開口を引き起こす。いずれの反応も孔辺細胞の光合成反応とは関係ない。

　仮説2　青色光もしくは赤色光のどちらの光でも引き起こされる孔辺細胞の光合成反応と，青色光だけに引き起こされる反応の2つの反応が気孔の開口に関わっている。

(1)　**仮説1**および**仮説2**を検証するためには，この C_3 植物の葉の剥離表皮を使ってどのような実験をしたらよいか。次から最も適当なものを一つ選べ。

　① 薬剤で孔辺細胞の膨圧を低下させた状態で，4時間弱い青色光を当て続ける実験

② 薬剤で孔辺細胞の光合成反応を阻害した状態で，4時間強い赤色光を当て続ける実験
③ 薬剤で孔辺細胞の浸透圧を一定にした状態で，4時間強い青色光を当て続ける実験

(2) (1)で選んだ実験を行った場合，光を当て始めてから4時間後の気孔開度(相対値)はどのようになると予想されるか。仮説1，仮説2のそれぞれに従った場合に予想される結果の組合せとして最も適当なものを，次から一つ選べ。

	仮説1	仮説2		仮説1	仮説2		仮説1	仮説2
①	0	0	②	0	3	③	0	10
④	3	0	⑤	3	3	⑥	3	10
⑦	10	0	⑧	10	3	⑨	10	10

問2 C_3植物の葉の気孔の開閉は光に大きく影響を受けるため，図1Aのような日内変化を示す。しかし乾燥地に生育するサボテンのようなCAM植物では，異なるしくみで気孔の開閉が調節されている。CAM植物の葉では，図1Bのように夜間に気孔が開口し，光が当たる昼間に気孔が閉じる。このため，気温が高くなる昼間は気孔から水分が失われにくくなり，乾燥地での生育に適している。

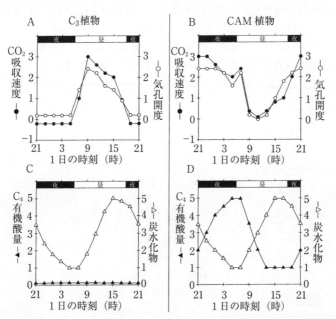

図1　C_3植物(A, C)とCAM植物(B, D)の葉における，CO_2吸収速度(●)と気孔開度(○)の日内変化(A, B)と，葉に含まれるあるC_4有機酸量(▲)と炭水化物量(△)の日内変化(C, D)。C_4有機酸は炭素数が4の有機酸である。CAM植物では，ある酵素の働きによりこのC_4有機酸は分解され，CO_2が放出される。

84 第 4 章 植物の環境応答

　図 1 A～D の 4 つのグラフに基づくと，C_3 植物と CAM 植物の葉の細胞間隙の
CO_2 濃度は，昼と夜とでどのようになっていると考えられるか。次の a～i を正
しく組み合わせたものを，下表からそれぞれ一つずつ選べ。

a．光合成による消費によって CO_2 濃度は低く保たれている。

b．光合成によって CO_2 が消費されるが，それ以上に C_4 有機物から補充されて
　CO_2 濃度は高く保たれている。

c．光合成によって CO_2 が消費され，さらに C_4 有機物への変換によって CO_2 濃
　度は低く保たれている。

d．光合成は行われておらず，呼吸によって生じた CO_2 が C_4 有機物へ変換されな
　いため，CO_2 濃度は高く保たれている。

e．光合成は行われておらず，呼吸によって CO_2 が生じ，さらに C_4 有機物から補
　充されて CO_2 濃度は高く保たれている。

f．光合成は行われておらず，呼吸によって生じた CO_2 が C_4 有機物へ変換される
　ため，CO_2 濃度は低く保たれている。

g．光合成は行われておらず，呼吸によって生じた CO_2 および取り込んだ CO_2 が
　C_4 有機物へ変換されないため，CO_2 濃度は高く保たれている。

h．光合成は行われておらず，呼吸によって CO_2 が生じ，CO_2 が取り込まれ，さ
　らに C_4 有機物から補充されて CO_2 濃度は高く保たれている。

i．光合成は行われておらず，呼吸によって生じた CO_2 および取り込んだ CO_2 が
　C_4 有機物へ変換されるため，CO_2 濃度は低く保たれている。

	昼	夜
①	a	d
②	a	e
③	a	f
④	b	g
⑤	b	h
⑥	b	i
⑦	c	g
⑧	c	h
⑨	c	i

(阪大・改)

37 植物の防御応答に働く遺伝子

植物の防御応答に植物ホルモンであるエチレンが関与していることが知られている。エチレンをつくり出す過程では，ACSと呼ばれる酵素が中心的な役割をはたしており，ACS遺伝子の発現はエチレンが生産されることを意味する。以下の実験に用いた植物は，7個のACS遺伝子(ACS1〜ACS7)をもち，感染刺激に応じて複数のACS遺伝子を発現させることによってエチレンの生産量を調節することができる。7つのACS遺伝子のうち，どのACS遺伝子が防御応答に関わっているかを明らかにするため，次の**実験1**と**実験2**を行った。

実験1 ACS遺伝子を欠損させた植物変異体に，病原菌を接種して48時間後までに生産されたエチレン量を測定し，その結果を図1に示した。ここでは，ACS遺伝子欠損変異体を*acs*と表記し，*acs1/2*はACS1とACS2の両方を欠損した変異体であることを示す。なお，エチレンの生産量は，もとの植物に病原菌を接種して得られたエチレンの生産量を100とした場合の相対値で示した。

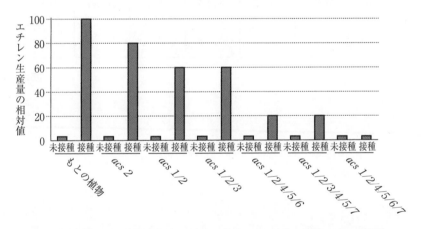

図1　ACS遺伝子の欠損変異が病原菌接種によるエチレン生産量に及ぼす影響

実験2 もとの植物に病原菌を接種した場合と，未接種の場合のそれぞれの葉におけるACS2〜ACS5遺伝子のmRNA生産量を測定し，その結果を次ページの図2に示した。ただし，ACSmRNAの生産量は，各未接種でのmRNA生産量を1とした場合の相対値で示した。

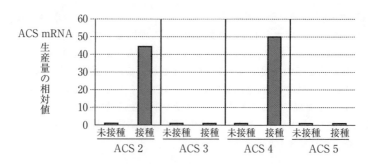

図2 病原菌接種で誘導された ACS mRNA の生産量

問 **実験1**と**実験2**の結果から、防御応答に関与すると考えられる ACS 遺伝子には①を、関与しないと考えられる ACS 遺伝子には②を記入し、下表を完成させよ。

ACS1	ACS2	ACS3	ACS4	ACS5	ACS6	ACS7

(名大・改)

38 塊茎形成

植物は，光や温度といった環境変化に応答して，種子が発芽したり，花芽を形成したりすることが知られている。その際に，さまざまな植物ホルモンが関与する。

ジャガイモの塊茎(イモ)の形成も，花芽と同様に，日長条件に左右される現象である。塊茎の形成は，フロリゲンと類似したチューベリゲン(塊茎形成ホルモン)と呼ばれる物質が誘導すると考えられている。以下の**実験1～6**は，フロリゲンの本体である，長日植物のシロイヌナズナのFTや短日植物のイネのHd3aと呼ばれるタンパク質とよく似たアミノ酸配列をもつタンパク質Xがチューベリゲンの本体であるという仮説を検証した実験である。

実験1 ジャガイモを日長条件1(16時間明期：8時間暗期)で栽培したところ，塊茎は形成されなかった。日長条件2(8時間明期：16時間暗期)で栽培すると，塊茎は形成された。日長条件3(8時間明期：8時間暗期：30分明期：7時間30分暗期)で栽培すると，塊茎は形成されなかった。

一方，葉のみが日長条件1，その他の部位が日長条件2となるように栽培したところ，塊茎は形成されなかった。また，葉のみが日長条件2，その他の部位が日長条件1となるように栽培した場合は，塊茎は形成された。

なお，ジャガイモを上記のいずれの条件で栽培した場合でも，花芽は形成された。

実験2 日長条件1，2，3において，ジャガイモの葉に含まれるタンパク質XのmRNAの量を調べたところ，図1のような結果が得られた。

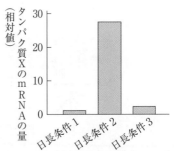

図1 ジャガイモの葉に含まれるタンパク質XのmRNAの量
数値は，日長条件1での量を1.0とした場合の相対値である

実験3 タンパク質Xを葉で大量に産生する遺伝子組換えジャガイモを作製した。このジャガイモを日長条件1で栽培したところ，塊茎が形成された。花芽の形成は野生型のジャガイモ(遺伝子組換えをしていないジャガイモ)と比べて促進された。

実験4 RNA干渉を利用して，タンパク質Xの産生が抑制されたジャガイモを作製した。このジャガイモを日長条件2で栽培したところ，野生型と比べて，塊茎の形成が抑制された。花芽の形成は野生型と差がなかった。

実験5 イネのHd3aを葉で大量に産生する遺伝子組換えジャガイモを作製した。このジャガイモを日長条件1で栽培したところ，塊茎が形成され，また，花芽の形成が野生型よりも促進された。次ページの図2のように，この遺伝子組換えジャガイモと野生型のジャガイモとを接ぎ木して，日長条件1で栽培したところ，塊茎と花芽が形成された。

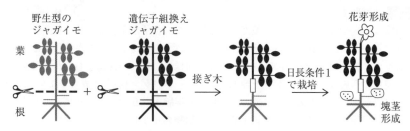

図2 実験5で行った接ぎ木と栽培結果の模式図

実験6 ある種類のタバコを，日長条件1で栽培したところ，花芽が形成された。一方，日長条件2で栽培した場合は花芽が形成されなかった。この種類のタバコと野生型のジャガイモを，図3のように接ぎ木して，日長条件1および日長条件2で栽培した。

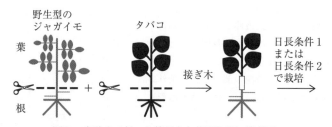

図3 実験6で行った接ぎ木と栽培結果の模式図

問1 **実験1**および**実験2**の結果から**否定される仮説**を，次からすべて選べ。
① ジャガイモの塊茎は，タンパク質Xの作用とは無関係に，日長条件の影響によって形成される。
② ジャガイモの花芽は，長日条件下で形成されるが，短日条件下では形成されない。
③ ジャガイモの塊茎形成における限界暗期は7時間である。
④ タンパク質Xの産生量が増加し，かつ同時に短日処理が行われることで，塊茎の形成は誘導される。
⑤ タンパク質Xの産生は，長日処理によって促進される。

問2 (1) **実験1**と**実験2**に加えて，**実験3**および**実験4**の結果から新たに**否定される仮説**を，**問1**の①〜⑤からすべて選べ。
(2) (1)で選んだ仮説が否定される理由として最も適当なものを，次から一つ選べ。
① タンパク質Xの産生量によらず，短日条件下でのみ，塊茎の形成は誘導されるから。
② タンパク質Xの産生量によらず，長日条件下でのみ，塊茎の形成は誘導されるから。

③　タンパク質 X の産生量が増え，かつ短日条件下でのみ，塊茎の形成は誘導されるから。

④　タンパク質 X の産生量が増え，かつ長日条件下でのみ，塊茎の形成は誘導されるから。

⑤　日長条件によらず，タンパク質 X の産生量が増えると，塊茎の形成は誘導されるから。

問3　**実験5**の結果からは，フロリゲンがタンパク質 X と同じように作用するということが推測された。次の(1)，(2)の日長条件において，**実験6**で予想される塊茎形成と花芽形成の結果として最も適当なものを，下の①〜④から一つずつ選べ。

(1)　日長条件1

(2)　日長条件2

①　塊茎と花芽の両方が形成された。

②　塊茎は形成されたが，花芽は形成されなかった。

③　塊茎は形成されなかったが，花芽は形成された。

④　塊茎と花芽のいずれも形成されなかった。

(岐阜大・改)

第4章　植物の環境応答

90 第4章 植物の環境応答

39 エチレン産生能と感受性　⏱15分 ▶ 解答 P.53

　リンゴの品種の一つである'ふじ'の果実は，'つがる'などの他の品種に比べて収穫後も長期間にわたり品質を保持できるという性質がある。これには果実の成熟を促進する植物ホルモンが重要な役割を担っている。

問1　'ふじ'と'つがる'を比較して，このホルモンの産生や感受性についてどのようなことが考えられるか。考えうる仮説を次からすべて選べ。

① 'ふじ'と'つがる'のホルモンに対する感受性は変わらないが，'ふじ'のホルモン産生能が'つがる'のそれに比べて高い。

② 'ふじ'と'つがる'のホルモン産生能は変わらないが，'ふじ'のホルモンに対する感受性が'つがる'のそれに比べて低い。

③ 'ふじ'と'つがる'のホルモン産生能は変わらないが，'ふじ'のホルモンに対する感受性が'つがる'のそれに比べて高い。

④ 'ふじ'と'つがる'のホルモンに対する感受性は変わらないが，'ふじ'のホルモン産生能が'つがる'のそれに比べて低い。

⑤ 'ふじ'と'つがる'のホルモン産生能と感受性は，それぞれ変わりはない。

⑥ 'ふじ'のホルモン産生能が'つがる'のそれに比べて高いことと，'ふじ'のホルモンに対する感受性が'つがる'のそれに比べて高いことの両方である。

⑦ 'ふじ'のホルモン産生能が'つがる'のそれに比べて低いことと，'ふじ'のホルモンに対する感受性が'つがる'のそれに比べて低いことの両方である。

問2　問1の仮説を検証するため，'ふじ'と'つがる'のそれぞれの未熟リンゴと成熟リンゴを用意し，組み合わせて密閉容器に入れ，次のような**実験1**を行った。

実験1　成熟'ふじ'の果実のホルモンの産生能を調べるため，密閉容器1に ア と イ を入れ，対照実験として密閉容器2に ウ と エ を入れて，密閉容器1の オ の変化を対照実験における成熟度と比較した。

　　実験1の結果を参考にして，次の**実験2**を行った。

実験2　未熟'ふじ'の果実のホルモンに対する感受性を調べるため，密閉容器3に カ と キ を入れ，対照実験として密閉容器4に ク と ケ を入れて，密閉容器3の コ の変化を，対照実験における ク の成熟度と比較した。

　上の文中の空欄に最も適したリンゴを，下の①〜④からそれぞれ1つずつ選べ。なお，文中の ア と イ ， ウ と エ ， カ と キ はそれぞれ順不同でよい。

① 未熟'つがる'　　② 未熟'ふじ'

③ 成熟'つがる'　　④ 成熟'ふじ'

(弘前大・改)

40 アグロバクテリウム （25分 ▶▶ 解答 P.55

滅菌したタバコの葉の切片を，さまざまな濃度のオーキシンとサイトカイニンを含む培地で4週間培養すると，表1のような観察結果が得られた。この実験からオーキシンとサイトカイニンは植物細胞の分裂，分化にも大きな影響を与えることがわかる。

表1　オーキシンとサイトカイニンのタバコの葉の切片への影響

IAA濃度	0	0	0.02	2.00	2.00	2.00
カイネチン濃度	0	0.02	2.00	0	0.02	0.20
結果	増殖も分化もなし	茎葉が分化	茎葉が分化	根が分化	根が分化	カルスとして増殖

※オーキシンとしてIAA（インドール酢酸）を，サイトカイニンとしてカイネチンを使用した。濃度の単位はmg/L。

土壌細菌の一種Aが植物に感染すると，カルスに似た不定形の細胞塊，すなわち腫瘍が形成されることがある。この腫瘍の一部を切り取り，細菌を完全に除去した後，別の健全な植物に移植しても，移植された細胞はその場所で増殖する。土壌細菌Aには染色体DNAとは別に，Tiプラスミドと呼ばれる，自己増殖する環状のDNAをもつものがある。Tiプラスミドは土壌細菌Aの腫瘍形成能と何か関係があるのだろうか。これを調べるためにX，Y，Zの3地点から土壌細菌Aを採取してきて，腫瘍形成能とTiプラスミドの有無を調べ，表2に示した結果を得た。

表2　土壌細菌Aの腫瘍形成能とTiプラスミド（Ti）

	採取場所		
	X	Y	Z
腫瘍形成能を調べた系統数	5	10	15
腫瘍形成能のあった系統数	5	8	3
腫瘍形成能のあった系統中，Tiの保持を調べた系統数	2	8	3
腫瘍形成能のあった系統中，Tiをもっていた系統数	2	8	3
腫瘍形成能のなかった系統中，Tiの保持を調べた系統数	―	2	8
腫瘍形成能のなかった系統中，Tiをもっていなかった系統数	―	2	8

土壌細菌Aによる細胞の腫瘍化は次のように進む。腫瘍形成能のある土壌細菌Aがタバコに感染すると，土壌細菌Aのなかの遺伝子 *tms*, *tmr*, *nos* などが，細菌Aからタバコ細胞に移行してタバコの染色体DNAに組み込まれる。組み込まれた遺伝子が発現すると，無秩序な細胞分裂が起こり腫瘍が形成される。この腫瘍細胞中には正常の植物細胞にはみられない，オピンと呼ばれるアミノ酸の誘導体が蓄積する。

腫瘍形成能のある土壌細菌Aの遺伝子 *tms* に人為的に変異を導入し，*tms* の遺伝子産物の機能を失わせた。この土壌細菌Aをタバコに感染させると，感染部位から茎葉の分化が観察された。一方，*tmr* の遺伝子産物の機能を失わせた土壌細菌Aをタバコ

92　第4章　植物の環境応答

に感染させると，感染部位から根の分化が観察された。*nos* の遺伝子産物の機能を失わせた土壌細菌Aをタバコに感染させた場合は，腫瘍が形成された。*tms* と *tmr* は，植物ホルモンの合成酵素の遺伝子であり，*nos* はオピンの合成酵素の遺伝子であることがわかっている。植物細胞はオピンを利用することはないが，土壌細菌Aはオピンを炭素源および窒素源として利用することができる。

問1　表2の結果から，「Ti プラスミド上には腫瘍形成に関係した遺伝子が存在する」という仮説を立てた。その根拠として最も適当なものを，次から一つ選べ。

① 腫瘍形成能のあった系統は，必ず Ti プラスミドをもっていた。

② 腫瘍形成能のなかった系統を調べると，Ti プラスミドをもつ系統がいなかった。

③ 腫瘍形成能のあった系統のなかにも，Ti プラスミドをもたない系統がいる可能性がある。

④ 腫瘍形成能のなかった系統のなかにも，Ti プラスミドをもつ系統がいる可能性がある。

問2　問1の仮説の検証について述べた次の文章中の空欄に最も適当な語句を，下の①〜⑨からそれぞれ一つずつ選べ。

　　仮説を検証するために，　ア　から　イ　を抽出し，　ウ　に導入したところ，　ウ　は　ア　に変化した。したがって仮説が正しいことが示された。

① Ti プラスミド　　　② 染色体 DNA　　　③ オピン
④ 正常のタバコ細胞　　⑤ 腫瘍形成能のない土壌細菌A
⑥ 腫瘍形成能のある土壌細菌A　　　⑦ 核　　　⑧ 茎葉　　　⑨ 根

問3　土壌細菌Aの感染により形成されたタバコの腫瘍について述べた次の記述 a〜f について，正しいものを過不足なく組み合わせたものを，下の①〜⑨から一つ選べ。

a．腫瘍細胞を正常な細胞とともに培養すると，腫瘍細胞は正常な細胞に変化する。

b．オピンは正常のタバコの細胞の腫瘍化に必要であるが，腫瘍細胞の増殖維持には必要ない。

c．腫瘍を切り取り，土壌細菌Aを除き，植物ホルモンを含まない培地で培養すると茎葉が分化し，その後，発根して正常な個体となる。

d．野生型の土壌細菌Aの感染により形成された腫瘍細胞の核では，原核生物である土壌細菌A由来の *nos* 遺伝子が転写されている。

e．腫瘍細胞の増殖維持には土壌細菌Aは必要ない。

f．正常のタバコの細胞と，土壌細菌Aの感染により形成されたタバコの腫瘍細胞の間では，染色体 DNA に違いはない。

① a, b　　② a, c　　③ a, f　　④ b, c　　⑤ b, d
⑥ c, d　　⑦ c, e　　⑧ d, e　　⑨ e, f

問4 *tms* と *tmr* の2つの遺伝子に人為的に変異を導入し，両方の遺伝子産物の機能を失わせた土壌細菌Aがある。これをタバコに感染させると，感染部位はどのようになると考えられるか。最も適当なものを次から一つ選べ。

① 根が分化する。

② 茎葉が分化する。

③ オピンを合成する腫瘍が形成される。

④ 大きな形態変化はない。

⑤ 腫瘍が形成された後，奇形の根と茎葉が分化する。

⑥ 腫瘍が形成されるが，オピンの合成はみられない。

(東大・改)

第5章 生態・進化

41 環境と分布

P.57

生物は，自身が適応している地域に分布する。人為的な撹乱に強い種もあれば，人為的な撹乱を含めた環境の変化に弱い種もある。

陸貝は乾燥に弱く，自然環境の悪化に対して敏感で，土壌動物の中でも消滅しやすいグループである。ここでは，

仮説1　環境が異なると陸貝の種類数に違いが生じる。
仮説2　土壌の水分含量が高い環境ほど生息する種類数が多い。
仮説3　同じ環境内でも土壌の水分含量が高い場所ほど生息する種類数が多い。

という3つの仮説を設定して野外で調査を行った。調査地として選んだ環境は，雑木林，放棄された果樹園，針葉樹林の3つで，それぞれ10地点を選び計30地点を調査した。地点ごとに区画($100m^2$)を設定し，陸貝の種類と土壌の水分含量を10.0を最大値とする計測器を用い記録した。表1はその結果であるが，貝類を大型種と小型種に分けて示している。

問1　下線部に関連した次の問いに答えよ。
　オオバコは，道ばたや庭など人通りが多いところでよく生育する多年生草本である。踏み固めとオオバコの生育の関係について**仮説A**を立て，**仮説A**を検証するために以下の手順で調査を行った。

仮説A　人による踏み固めの程度が強い場所ほど，調査区の植被率(植物が地上を被っている程度)に占めるオオバコの割合が大きくなる。

表1　陸貝の種類数と土壌の水分含量

	土壌の水分含量	大型種	小型種
雑木林	2.7	2	7
	1.6	2	5
	2	3	6
	3.7	2	5
	1.8	1	10
	1.3	1	7
	1.1	2	5
	1.5	1	7
	1.3	2	5
	2	4	9
果樹園	3.4	5	13
	3.7	3	8
	3.5	6	14
	5.8	3	13
	3.2	6	9
	3.8	6	13
	2.6	4	8
	3.8	3	15
	3.2	3	11
	4.8	5	14
針葉樹林	2	3	8
	1.5	2	3
	3.2	3	5
	5.7	1	7
	6.4	2	8
	3.3	2	5
	2.9	1	4
	2.2	1	9
	2.1	0	6
	2.5	0	5

手順 ① 人による踏み固めと植生の関係を調べやすい場所を,調査地点とした。
② 調査地点の中で,1m×1mの方形枠を連続して5ヶ所設定し,調査区とした。
③ 調査区は,踏み固めの程度が最も強いと考えられる場所から最も弱いと考えられる場所に向け1～5と番号をつけた。
④ 踏み固めの程度は,目測により強・中・弱の3段階に分類した。
⑤ 各調査区の植被率とオオバコの植被率を,目測により10%単位で記録した。
⑥ データを表にまとめた。

結果 下表の通り。

調査区の番号	1	2	3	4	5
踏み固めの程度	強	強	中	弱	弱
調査区の植被率(%)	10	30	60	80	90
オオバコの植被率(%)	0	10	20	10	0

考察 a. 踏み固めの程度が弱いほど,各調査区の植被率は大きくなっていた。
b. 踏み固めの程度が強いほど,各調査区の植被率に占めるオオバコの割合は小さくなる傾向があった。
c. オオバコの生育には,踏み固めが必要不可欠である。
d. 正確な検証には,踏み固めの程度を数値など客観的な方法で求める必要がある。
e. 仮説は正しかった。

得られた結果に関する考察a～eのうち,妥当なものだけを含む組合せとして最も適当なものを,次から一つ選べ。

① a,c ② b,d ③ c,e ④ a,d ⑤ b,e

問2 表1をもとに大型種,小型種それぞれの種類数の平均値を算出し,環境間で比べるためのグラフを作成した。雑木林,果樹園,針葉樹林の結果として最も適当なものを,右の図1中からそれぞれ一つずつ選べ。

問3 調査結果をもとに**仮説1**を説明した次ページの文章中の空欄ア,イ,ウに入るA～Fのうち,最も適当な組合せを下の①～⓪から一つ選べ。ただし,ア,イ,ウの順とし,種類数の平均値で1.0以上の差異がない場合は等しいものとして扱う。

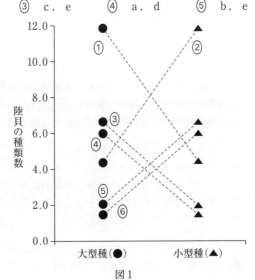

図1

貝類の種類数を環境間で比較すると，大型種で ア ，小型種で イ となった。この貝の大きさ別の結果は，**仮説1**「環境が異なると陸貝の種類数に違いが生じる。」と ウ 。

A．果樹園＞雑木林＞針葉樹林　　　B．果樹園＞雑木林＝針葉樹林
C．果樹園＝雑木林＞針葉樹林
D．一致する　　　E．一致しない　　　F．部分的に一致する

① A，A，D　　② B，B，D　　③ A，B，D　　④ B，A，D
⑤ B，C，E　　⑥ C，B，E　　⑦ B，B，E　　⑧ C，C，E
⑨ A，B，F　　⓪ B，B，F

問4　調査結果をもとに**仮説2**を説明した以下の文章中の空欄**エ**，**オ**に入る以下のA〜Eのうち，最も適当な組合せを下の①〜⑥から一つ選べ。ただし，**エ**，**オ**の順とし，土壌中の水分含量ならびに貝の種類数の平均値で1.0以上の差異がない場合は等しいものとして扱う。

　土壌中の水分含量の平均値を環境間で比較すると， エ となった。この結果と環境ごとの大型種と小型種を合計した貝の種類数の結果は，**仮説2**「土壌の水分含量が高い環境ほど生息する種類数が多い。」と オ 。

A．果樹園＞雑木林＞針葉樹林　　　B．果樹園＞雑木林＝針葉樹林
C．果樹園＝針葉樹林＞雑木林　　　D．一致する
E．一致しない

① A，D　② B，D　③ C，D　④ A，E　⑤ B，E　⑥ C，E

問5　調査結果をもとに**仮説3**を説明した以下の文章中の空欄**カ**，**キ**に入る以下のA〜Gのうち，最も適当な組合せを下の①〜⓪から一つ選べ。ただし，**カ**，**キ**の順とする。

　3つの環境それぞれについて，大型種と小型種を合計した貝の種類数と土壌の水分含量との関連性を調べてみると， カ 。この結果は，**仮説3**「同じ環境内でも土壌の水分含量が高い場所ほど生息する種類数が多い。」と キ 。

A．3つの環境とも比例関係にあった
B．3つの環境のうち2つは比例関係にあった
C．3つの環境のうち1つのみ比例関係にあった
D．3つの環境とも土壌の水分含量と貝の種類数の間に関連性はみられなかった
E．一致する　　　F．一致しない　　　G．部分的に一致する

① A，E　　② A，F　　③ A，G　　④ B，F　　⑤ B，G
⑥ C，E　　⑦ C，F　　⑧ C，G　　⑨ D，E　　⓪ D，F

（自治医大＋東京農業大・改）

42 種間関係(1)

ある淡水魚の体表には微小な寄生者が多数寄生することが知られている。この淡水魚について大きさや齢の異なる30匹の魚を同じ生息地から採取してきて，それらの体長，年齢，体表の寄生者の数を調べた。その結果は図1～3のようであった。

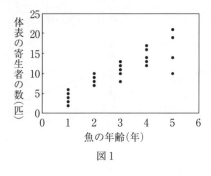

図1

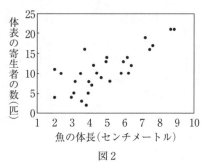

図2

問1 図1～3の調査結果のみから論理的に導くことのできる内容として正しいものを，次からすべて選べ。

① 体長の大きい魚ほど，年齢が高い傾向がある。
② 死亡率は，2歳の魚より4歳の魚の方が高い。
③ 体表の寄生者の数が多いほど，魚の死亡率が高くなる傾向がある。
④ 体表の寄生者の数が多いほど，魚は成長しにくくなる傾向がある。
⑤ 体表の寄生者の数が多い魚の体長は，より大きい傾向がある。
⑥ 魚の年齢が増加しても，体表の寄生者の大きさは変化しない。
⑦ 体表の寄生者の数は体長の大きい魚に多いが，寄生者の大きさは体長の小さい魚でより大きい傾向がある。

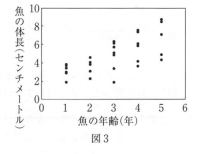

図3

問2 A君は，魚の体長，年齢と体表の寄生者の数の関係について，次のような仮説（**A君の仮説**）を立てた。この仮説が正しいときに得られる関係（体長と体表の寄生者の数との関係）を正しく表した図を次ページの①～⑧から一つ選べ。ただし，実線は年齢の高い個体の場合を，点線は年齢の低い個体の場合を表すものとする。

　A君の仮説 体長が同じでも年齢の高い個体の方が寄生者の数が多く，また，年齢が同じでも体長の大きい個体の方が寄生者の数が多い。

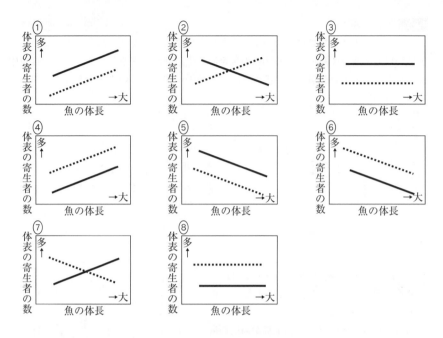

問3 B君は,魚の体長と年齢,体表の寄生者の数に図1〜3で示されたような関係がみられた理由として,次のような仮説(**B君の仮説**)を立てた。

 B君の仮説 体表の寄生者の数は体長と直接の因果関係はない。しかし,年齢が高いほど体表の寄生者の数が多くなるため,体長と体表の寄生者の数の間には見かけ上の関係が生じる。

 これを確認するためには,どのような実験・調査を行えばよいか,また,どのような結果が得られたときに**B君の仮説**が支持されるのかを述べた次の文章中の空欄に最も適する語句を,下の①〜⑧からそれぞれ一つずつ選べ。ただし,正解となるパターンは2通りある。

 　ア　は異なるが　イ　は同じである個体だけを集めて,体表の寄生者の数を調べる。その結果,　ウ　という結果が得られれば,B君の仮説は支持される。

① 体長　　② 年齢
③ 体長が大きいほど寄生者の数が多い傾向がみられる
④ 体長によらず寄生者の数はおおよそ等しい
⑤ 体長が小さいほど寄生者の数が多い傾向がみられる
⑥ 年齢が高いほど寄生者の数が多い傾向がみられる
⑦ 年齢によらず寄生者の数はおおよそ等しい
⑧ 年齢が低いほど寄生者の数が多い傾向がみられる

(龍谷大・改)

43 種間関係(2)

植物とその葉を食べるチョウ(蝶)類の幼虫との関係は，生態系における生物どうしの相互作用の例としてよく知られたものである。この関係の場合，独立栄養生物である植物が ア 者もしくは イ 食者としてみなされ，一方， ウ 栄養生物である昆虫が エ 者もしくは オ 食者とみなされる。

しかし，広く生態系を見渡すと，生物間の相互作用は， イ 食者と オ 食者の関係のようなものばかりではない。植物とチョウ類の関係でも，チョウ類が成虫となったときは，全く異なった相互作用がみられる場合がある。

たとえば，ある種の植物は花から糖液(花蜜)を分泌し，ある種のチョウ類はその花蜜を求めて花を訪れる。その際，チョウ類の体表面に花粉が付着し，そのチョウ類は，花をいくつもめぐるので，花粉は他株の花へと運ばれ受精する。この(a)植物とチョウ類(成虫)の関係は，両者ともに都合の良い(両者に利益がある)相利共生関係とみなすことができる。

相利共生関係の視点で，もう一度，植物体上にいる昆虫の行動をよく観察してみると，ある種の昆虫は，その植物にとって単なる オ 食者ではない可能性がうかがえる。たとえば，日本の暖地の平地や山野にふつうに生える樹木であるアカメガシワの枝では，無数のアリ類が活動しているようすがしばしば観察できる。そしてアカメガシワの葉を，さらによく観察してみると，その葉の付け根に蜜(糖液)を分泌する腺(花外蜜腺)があり，その花外蜜腺にアリ類が頻繁に訪れ，吸蜜しているのがわかる(図1)。(b)植物であるアカメガシワが，生産にエネルギーを必要とする糖液を，わざわざ花外蜜腺から分泌し，昆虫であるアリ類に吸蜜させている現象は，上記の相利共生関係の視点からの解析が可能である。

図1 アカメガシワの葉の花外蜜腺から吸蜜するアリ。左図の四角で囲んだ部分を上図として示した。

第5章 生態・進化

問1 上の文章中の空欄に当てはまる最も適当な語句を，次から一つずつ選べ。
① 大　② 小　③ 強　④ 弱　⑤ 富
⑥ 貧　⑦ 被　⑧ 捕　⑨ 食品　⓪ 高等
ⓐ 下等　ⓑ 従属　ⓒ 共立　ⓓ 生産　ⓔ 消費

問2 下線部(a)の植物とチョウ類の相互関係について述べた文として最も適当なものを，次から一つ選べ。
① 植物は，花粉を運搬してもらい生殖に成功するが，余分にエネルギーを使うコストは生じない。
② 植物は，花粉を運搬してもらい生殖に成功するが，余分にエネルギーを使うコストが生じている。

100　第 5 章　生態・進化

③　花蜜を出す量が多い植物ほどチョウが多く訪れ生殖に成功するので，分泌される花蜜の量が多くなる方向に進化し続ける。

④　花蜜を摂取するだけのチョウの方が利益が大きく，そうしたチョウの割合が高くなるので，分泌される花蜜の量は少なくなる方向に進化し続ける。

問3　下線部(b)の現象をよく観察すると，多数のアリ類が樹上を歩きまわるアカメガシワでは，チョウ類の幼虫などによる葉の食害が少ないようだ。つまり両者(アカメガシワとアリ類)の関係では，アカメガシワが，葉を食べてしまう昆虫をアリ類に排除・抑制してもらう報酬として，アリ類に花外蜜を提供しているようにみえる。そこで，アカメガシワに限らず，花外蜜腺などから糖液を分泌する植物と，糖液を好むアリ類との間に，相利共生関係が成り立つ可能性を検討するために，以下の2つの仮説を実験によって検証したい。

　仮説1　植物体上(茎・葉など)にある糖液は，地上や地中に巣をもつアリ類を誘引するのに効果がある。

　仮説2　植物体上を歩きまわるアリ類は，その植物における植食性昆虫(チョウ類の幼虫など)の食害を低下させる効果がある。

　次の実験(ア)・(イ)は，どちらの仮説の検証方法となっているか，あるいは，どちらの仮説も検証できない不適切な実験条件か。①～③から，それぞれ一つずつ選べ。また，適切な実験条件と判断した実験については，仮説が正しい場合，どのような結果が得られると予想されるか。最も適当なものを，④～⑨から一つ選べ。

　(ア)　巣からの距離が等しいアカメガシワを選び，葉に，人為的に糖液を塗布したものとしないもので，アリの行動の違いを調べる。

　(イ)　ある植物の葉と，その植物を食べる昆虫を用意し，片方のシャーレには葉と昆虫のみ，もう一方には，アリも加えて，葉の食害のようすを観察する。

①　仮説1を検証する実験として適切である。
②　仮説2を検証する実験として適切である。
③　どちらの仮説も検証できない不適切な条件である。
④　糖液を塗布した植物の方に，アリが多く登る。
⑤　糖液を塗布しない植物の方に，アリが多く登る。
⑥　糖液の塗布に関係なく，ほぼ同程度のアリが登る。
⑦　アリがいる方の葉の食害の程度が大きい。
⑧　アリがいる方の葉の食害の程度が小さい。
⑨　アリがいるいないに関係なく，ほぼ同程度の食害が見られる。

(岐阜大・改)

44 環境への適応(1)

　サンゴ礁は海の面積の0.2%程度にすぎないが，そこには海洋生物の3分の1から4分の1の種が生息しているといわれている。サンゴは水中のプランクトンなどを捕えて栄養をとっているが，これだけでは十分に栄養がとれないため，褐虫藻といわれるプランクトンを体内にもち，褐虫藻が光合成でつくった有機物を主な栄養源としている。ところが，褐虫藻は水温が高い状態が続くとサンゴから抜け出るといわれている。褐虫藻が抜けるとサンゴの骨格である炭酸カルシウムの白い色が目立つようになり(白化現象)，この状態が1ヶ月も続くと，栄養が不足するためサンゴは死に至る。最近では褐虫藻が逃げ出すのではなく，高温により光合成能力を失った褐虫藻をサンゴが消化してしまう結果，白化現象が起こると考える研究者もいる。つまり，高温によりサンゴと褐虫藻の共生関係が崩れるのである。

　海外では，高温域に生息する熱に強いサンゴの遺伝子を調べることにより，耐熱性の遺伝子を見つけようという試みもなされている。世界最大のサンゴ礁グレートバリアリーフでは，緯度の高いところから低いところまでサンゴが広がっている。緯度が高いオルフェウス島は夏の水温が29℃程度である。一方，赤道に近いプリンセス・シャーロット湾では水温が31℃を超える日もある。どちらにも生息しているハイマツミドリイシ(雌雄同体)というサンゴを比べれば，高温に耐えるために必要な遺伝子を見つけることができるのではないかと考え，(a)それぞれの場所で育ったハイマツミドリイシを交配させる実験が行われた。その結果，耐熱性の遺伝子が存在する可能性が得られたのである(図1)。

　サンゴの産卵時期は種類によって異なるが，ミドリイシ類の多くは，満月の大潮の前後数日の夜間(日没後)に一斉に産卵する。産卵時期は，同じ海域でも海水温度や海況などの影響を受けるため，毎年若干の違いが生じる。

　同じように，月夜の晩の決まった時刻に集団産卵することで有名なのが，クサフグである。クサフグは，5～7月の大潮前後の数日の間に海岸のある特定の波打ち際で集団産卵する。このような月周に同調して産卵する魚類には，他にスズメダイやアイゴのなかまが知られている。月周産卵リズムには，潮汐(潮の満ち引き)や月光(月明かりの強さ)などの月に由来する環境の周期的変化が重要である。アイゴのなかまを用いた実験では，(b)月光が産卵に影響するという結果が得られている。このような月周産卵リズムは，前述したサンゴ類やカニ類などでも広くみられる現象である。

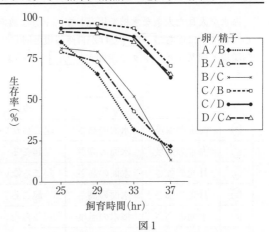

図1

102　第 5 章　生態・進化

問 1　下線部(a)に関して，以下の**実験**を行った。次の(1), (2)に答えよ。

　実験　低温のオルフェウス島からAとBという 2 個体を採取し，高温のプリンセス・
シャーロット湾からCとDの 2 個体を採取した。次に，これらの個体からそれぞ
れ卵と精子を採取し，これをさまざまな組合せで交配させた。こうして誕生した
幼生を35.5℃の高温状態で37時間まで飼育し，生存率を調べた。その結果を前
ページの図 1 に示した。図 1 の各線において，前に書いた方が卵を，後に書いた
方が精子の由来個体を示す。

(1)　この実験結果から，受精卵が高温耐性となるかどうかは卵がもつ遺伝子によっ
て決まり，精子がもつ遺伝子は関係しないという仮説を導き出せる。この仮説の
根拠は，どの条件とどの条件を比較することで得られるか，X/Y と Z/W のよう
に答えよ。

(2)　この仮説をさらに確かなものにするには，どのような個体の組合せの実験をさ
らに行えばよいか。意味があると考えられる組合せをすべて，X/Y と Z/W のよ
うに答えよ。

問 2　下線部(b)に関して，潮汐とは無関係に月光が関与していることを明らかにする
ための実験を計画した。下線部(b)のような結論を導き出せる実験の概要を述べた次
の文章中の空欄に適する語句の組合せとして最も適するものを，下表の①〜⑧から
一つ選べ。

　海水を入れた大きな水槽を用意して，十分な数の個体を入れる。　ア　が変化
しないように保ち，　イ　だけが自然環境と同じ変化をするようにした場合に，自
然環境と同じタイミングで産卵が　ウ　という結果が得られれば，下線部(b)の結
論を示せる。

	ア	イ	ウ
①	海水の温度	水面の高さ	起こらない
②	海水の温度	水面の高さ	起こる
③	月光の強さ	水面の高さ	起こらない
④	月光の強さ	水面の高さ	起こる
⑤	水面の高さ	海水の温度	起こらない
⑥	水面の高さ	海水の温度	起こる
⑦	水面の高さ	月光の強さ	起こらない
⑧	水面の高さ	月光の強さ	起こる

(東京医歯大・改)

45 種間関係と多型

現代の進化論では，チャールズ・ダーウィンの自然選択説，ド・フリースの突然変異説，木村資生の中立説をもとに，進化のしくみが説明されている。

進化についてさらに詳しく知るために，野外調査を行った。クモA種はアリB種ととても似た形，大きさであるため，アリに擬態していると考えられた。クモA種が擬態する利点として，「アリを捕食するため」という仮説と，「アリに似せることで捕食者から身を守るため」という2つの仮説を立てた。最初に，複数の場所で野外観察を行ったところ，クモA種もアリB種も，同じ種の中に，黒色型と茶色型という2つの型があった(図1)。

公園Xで，クモA種とアリB種の個体数の調査を行ったところ，表1の結果を得た。次に，公園Yで同様の調査を行ったところ，この公園のアリは，他のアリ種への攻撃性の高い外来種のアリC種に置き換わっており，アリB種は見つけることができなかった。この公園Yでは表2の結果を得た。2つの公園での調査中に，クモA種がアリB種とアリC種を捕食する行動がみられるかを，クモA種を見つけるたびに5時間観察したが，そのような行動は一度もみられなかった。表2の結果から，公園Yでは，アリC種が原因となってアリB種が淘汰され，クモA種の集団内の遺伝的構成に偏りが生じる間接効果と呼ばれる効果が働いたと考えられた。

(黒色型) (茶色型)　　(黒色型) (茶色型)
クモA種　　　　　　アリB種

図1　クモA種とアリB種における色の多型

表1　公園Xでの観察結果

多　型	クモA種(匹)	アリB種(匹)
黒色型	18	51
茶色型	18	58

表2　公園Yでの観察結果

多　型	クモA種(匹)	アリC種(匹)
黒色型	0	0
茶色型	20	89

問1 観察の結果，クモA種に関する2つの仮説がどのように考察されたか，次から最も適当なものを一つ選べ。
① 「捕食者から身を守るため」でも「アリを捕食するため」でもないと考えられる。
② 「捕食者から身を守るため」も「アリを捕食するため」も正しいと考えられる。
③ 「アリを捕食するため」であると考えられる。
④ 「捕食者から身を守るため」であると考えられる。

問2 観察の結果の正しい考察として，**不適当な**ものを次から二つ選べ。
① アリC種が公園Xに侵入した場合，クモA種の茶色型が絶滅すると予想される。
② アリC種が公園Xに侵入した場合，クモA種の黒色型が減少すると予想される。

104 第5章 生態・進化

③ データからアリC種は茶色型のみで，黒色型はないと考えられる。

④ アリB種はアリC種との競争に強い種と考えられる。

問3 クモA種の黒色型と茶色型は一つの遺伝子座で遺伝的に決まっており，黒色型が対立遺伝子Mの優性形質，茶色型が対立遺伝子mの劣性形質であるとする。以下の5つの条件を前提に問題に答えよ。

・公園XとYに生息する生物はランダムに交配をしているとする。

・他の集団からの流入や流出，洪水などの環境の攪乱要因はないとする。

・公園XとYは広く，そこに生息する生物の集団は十分に大きいとする。

・突然変異はないとする。

・クモA種の捕食者，クモA種，アリB種，アリC種以外の生物の効果はないとする。

アリC種が公園Xに侵入したため，ある日調べたところ，公園Xでは，クモA種における黒色型と茶色型の表現形質の比率は1対1のままであった。その後，アリC種が公園Xに広がり，クモA種の黒色型と茶色型の表現形質の比率が1対2となった。この過程について考察した次の文章中の空欄に最も適する数値を，下の①〜⓪からそれぞれ一つずつ選べ。

　表現形質の比率が1対1のときの茶色型の対立遺伝子の頻度は，およそ　ア　と推定できる。また，表現形質の比率が1対2のときの茶色型の対立遺伝子の頻度は，およそ　イ　と推定できる。つまり，この期間に，クモA種の集団における茶色型の対立遺伝子の頻度は　ウ　倍になったと推定できる。

① 0.5　　② 0.6　　③ 0.7　　④ 0.8　　⑤ 0.9

⑥ 1.2　　⑦ 1.3　　⑧ 1.4　　⑨ 1.5　　⓪ 1.6

問4 2つの仮説を立てて野外観察を行ったが，仮説を検証するには観察だけでは不十分であると考えられたため，実験室で実験を行うことにした。実験およびその考察について述べた次の文章中の空欄に適する文を，下の①〜③からすべて選べ。また，該当するものがない場合は④を選べ。

　アリB種の黒色型だけの集団と茶色型だけの集団をつくり，それぞれに，クモA種の黒色型を入れて観察を行う。「擬態がアリを捕食するため」という仮説が否定されるのは　エ　であり，肯定されるのは　オ　である。そして　カ　は，肯定も否定もできないことになる。

① クモA種による捕食が，いずれの集団でも起こらない場合

② クモA種による捕食が，いずれの集団でも同じ程度に起こる場合

③ クモA種による捕食が，黒色型の集団での方で多い場合

（名古屋市大・改）

105

46 環境への適応(2)   ⏱20分 ▶▶ 解答 P.63

　ダーウィンの時代から，ガラパゴス諸島は科学者たちが進化の研究を行うための，天然の実験室とみなされてきた。この地域では，毎年１月から５月に多量の雨が降る。ところが，1977年には降水量が非常に少なく，島々では多くの植物が枯れてしまった。干ばつの影響は，種子を食べるフィンチ(ヒワに似た鳥)にもあらわれた。たとえばダフネ島では，(a)フィンチの数が1200羽から180羽へと激減した。フィンチの集団は絶滅をまぬがれたものの，この個体数の減少を通じ，くちばしの大きさに明らかな変化が生じた。これは，干ばつが起こる前から集団内に存在した，くちばしの大きさの変異に対し，干ばつによる自然選択が作用した結果と考えられている。つまり，1976年の末までに，(b)フィンチにとって食べやすい小型の種子はほとんど食いつくされ，残っていたのは食べにくい大型の種子ばかりだった。しかし，翌年には新しい種子がほとんどできなかったため，フィンチは生きのびるために大型の種子を利用せざるをえなくなった。大型の種子は，くちばしの小さな個体にとってはとりわけ食べるのが難しい。よって，以前からくちばしの大きさに変異がみられたフィンチの集団では，大きなくちばしをもつ個体ほど干ばつを生きのび，より多くの子孫を残すことになった。こうした自然選択の結果，フィンチの集団におけるくちばしの平均サイズは大きくなる方向へと進化した。

問1　下線部(a)に関連する次の文章を読み，以下の(1)，(2)に答えよ。

　　生物集団の個体数が減少すると，災害による死亡や繁殖の失敗といった偶然のできごとが，世代の経過にともなう遺伝子頻度の変化に大きな影響を及ぼすようになる。こうした集団では，生存や繁殖に不利な対立遺伝子をもつ個体が偶然に多くの子どもを残す機会が増えるため，絶滅の危険が高くなる。

(1)　小さな集団において特に強い影響力をもつ，偶然による遺伝子頻度の変化を何と呼ぶか。最も適当な生物学用語を次から一つ選べ。

　① 突然変異　　② 適応放散　　③ 収れん　　④ 遺伝的浮動

(2)　上記の他にもいくつかの理由から，一般に集団は個体数が減って小さくなるほど絶滅しやすくなると考えられている。小さな集団が絶滅しやすい理由の説明として**適当ではないもの**を，次から一つ選べ。

　① 雄と雌がめぐりあう機会が減るため。

　② 環境が変化したとき，新しい環境下で生存や繁殖に有利な遺伝子をもつ個体が集団内に存在する可能性が低くなるため。

　③ 他の集団との交配の機会が減り，やがて別の新しい種ができるため。

　④ 血縁個体どうしの交配がさけられなくなり，生まれた子どもにおいて，生存や繁殖に不利な劣性の対立遺伝子がホモ接合になる可能性が高まるため。

　⑤ 捕食者によってすべての個体が食べられる可能性が高まるため。

問2　下線部(b)について，大型の種子をつける植物種の中でも，特にハマビシの種子は，４本のトゲをもつ果実に保護されている(次ページの図１)。トゲの長さは株ごとに異なり，短いトゲはより少ないエネルギーによってつくることができる。それ

第5章 生態・進化

にも関わらずトゲをもつ株が消失しないのは，フィンチに食べられるのをふせぐためだ，という仮説がある。

仮にあなたがガラパゴス諸島のダフネ島に1年間だけ滞在し，この仮説の正否を確かめる機会を得た場合，どのような調査または実験を行うのが適切か。また，その仮説が正しいとした場合に，どのような結果が得られることが予測できるか。〔調査または実験〕から適当なものをすべて選び，その〔調査または実験〕から得られる〔結果〕との組合せを，⑤-⑨のように答えよ。

図1　ハマビシの果実
（中に2～3個の種子が入っている）

〔調査または実験〕

① 集めた果実のトゲの長さを測定して，平均的な長さの群と，平均よりも長い群(A)および短い群(B)に分ける。そして，鳥かごの中で，自由にフィンチに食べさせた後，食べられずに残った割合を調べる。

② 野外にエサ台を2つ設置し，一方の台(A)には，トゲを除去した果実を，他方の台(B)のトゲはそのままにした果実を置く。そして，食べられずに残った割合を調べる。

③ フィンチの密度を調べ，密度が高い地域(A)と低い地域(B)のそれぞれについて，ハマビシの果実のトゲの長さを測定して，長さの平均を調べる。

④ ハマビシの密度を調べ，密度が高い地域(A)と低い地域(B)のそれぞれについて，フィンチのくちばしの大きさを測定して，大きさの平均を調べる。

〔結果〕

⑥ AとBで差がない。
⑦ Aの方がBよりも大きい
⑧ Aの方がBよりも小さい

（筑波大・改）

47 ハーディ・ワインベルグの法則と塩基配列の多型

ゲノムが解読されたことによって，遺伝子以外のDNA塩基配列についても詳細に研究できるようになった。ヒトのゲノム全体を個人間で比較すると，そのDNA塩基配列の約0.1%に違いがある。(a)塩基配列の違いの多くは，遺伝子内の翻訳されない部分や，遺伝子と遺伝子の間の領域に存在している。

相同染色体の同じ位置を占めるDNAに塩基配列の違いがみられる場合，区別できるそれぞれの塩基配列をアリルと呼ぶ。アリルは，対立遺伝子だけではなく，遺伝子ではない領域の塩基配列の違いを示すときにも用いられる。

ヒトの常染色体のひとつにある領域Aについて，2種類のアリルの塩基配列を図1に示す。図内の下線部に示したように，アリル1とアリル2ではTCATという塩基配列の繰り返しの数が異なっている。領域Aには，これら2種類のアリルの他にも，TCATの繰り返しの数が異なるアリルが複数種類存在している。

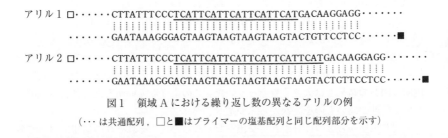

図1 領域Aにおける繰り返し数の異なるアリルの例
(…は共通配列，□と■はプライマーの塩基配列と同じ配列部分を示す)

ある地域の住人からランダムに選んだ100人について，領域Aのアリルの調査を行った。領域Aの両端に特異的に結合するプライマーを用いたPCRによって，各個人のDNAから相同染色体に由来するアリルのDNA断片（2つのプライマーの結合部位とその内側にはさまれた部分）を増幅した。増幅されたDNA断片の長さの違いは，電気泳動によって検出した。その結果を図2に模式的に示す。個人ごとのアリルの組合せには(あ)〜(こ)の10種類が見つかり，それぞれについて観察された人数を示してある。

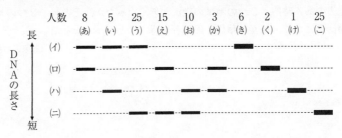

図2 PCRで増幅したDNA断片の電気泳動による分離の結果と人数の内訳

問1 下線部(a)の理由を述べた文として**不適当と考えられるもの**を，次からすべて選べ。

① 遺伝子のエキソンに生じた1塩基置換は生存に不利になりやすい。
② 遺伝子のイントロンに生じた1塩基置換は生存に不利になりやすい。
③ 遺伝子のエキソンに生じた1塩基欠失は生存に不利になりやすい。
④ 遺伝子のイントロンに生じた1塩基欠失は生存に不利になりやすい。
⑤ 遺伝子と遺伝子の間の領域にはイントロンしかない。

問2 図2で検出されたアリル(イ)〜(ニ)の100人中における頻度として適当な数値を，次からそれぞれ一つずつ選べ。

① 0.05 ② 0.10 ③ 0.15 ④ 0.20 ⑤ 0.25
⑥ 0.30 ⑦ 0.35 ⑧ 0.40 ⑨ 0.45 ⓪ 0.50

問3 調査した集団でハーディ・ワインベルグの法則が成り立つと仮定し，**問2**で求めたアリルの頻度を用いて(い)および(く)のタイプの人の頻度を推定すると，どのような値となるか，最も近い数値を次からそれぞれ一つずつ選べ。

① 0.01 ② 0.02 ③ 0.03 ④ 0.04 ⑤ 0.05
⑥ 0.1 ⑦ 0.2 ⑧ 0.3 ⑨ 0.4 ⓪ 0.5

問4 別の地域の住人からランダムに選んだ100人に対して領域Aのアリルの調査を行ったところ，得られたアリルの組合せは図2の(あ)〜(に)と同じであったが，人数の内訳は図2の結果とは大きく異なっていた。このような違いがもたらされる理由として可能性が高いものを，次から二つ選べ。

① 同じ集団から2つに分かれ，交流がなくなった後，それぞれの集団において各アリルの頻度が遺伝的浮動によって変化した。
② 同じ集団から2つに分かれ，交流がなくなった後，それぞれの集団において，異なる突然変異が起き，繰り返し数が変化した。
③ 一方の地域では，かつて人口が非常に減った時期があり，遺伝的浮動が強く働いたが，他方の地域では，そのような時期がなかった。
④ 一方の地域では，かつて人口が非常に減った時期があり，(あ)・(き)・(く)のタイプの人だけになったが，他方の地域では，そのような時期がなかった。
⑤ 過去のある時期，2つの地域の交流が無くなったが，その後，2つの地域の交流が活発になり，相互に移住し配偶者を得ることが多くなった。

（お茶の水女大・改）

48 自家不和合性

サクラソウは，落葉樹林の渓流沿いなど，比較的明るい場所に生育する多年生の草本植物であり，早春，落葉樹がまだ葉を開かない頃に葉を開いて光合成を始める。サクラソウは，栄養生殖と有性生殖の2つの方法で繁殖することができる。サクラソウの花には，雄しべが長く雌しべが短いAタイプと雌しべが長く雄しべが短いBタイプの2つのタイプがある（図1）。花のタイプは遺伝的に決まっており，交配は，AタイプとBタイプの花の間でのみ可能である。Aタイプの柱頭にAタイプの花の花粉がついても，Bタイプの柱頭にBタイプの花の花粉がついても，花粉は発芽しないか，発芽しても花粉管が胚珠まで達することができないため種子はできない。野外のサクラソウ個体群では，(a)AタイプとBタイプの花をつける個体がほぼ同数存在することが多い。サクラソウの花粉は，主にマルハナバチによって運ばれる。このような交配様式には，自家受精によって種子がつくられることを防ぎ，有害な形質が発現することを抑制する働きがあると考えられている。

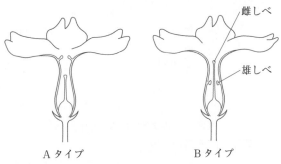

図1 サクラソウの花の2つのタイプ

問1 下線部(a)について，サクラソウ個体群の種子生産数は，AタイプとBタイプの花が同数咲いているときに最も多くなると期待される。その理由を説明した以下の文章中の空欄に入る数値またはpを使った数式，グラフとして適切なものを，それぞれの選択肢から1つずつ選べ。なお，同じものを繰り返し選んでもよい。

あるサクラソウの個体群に，AタイプとBタイプの花が$p:1-p$の割合で咲いているとする。ただし，pは0以上，1以下の値である。マルハナバチが1匹飛んで来て，1つの花にとまって花粉を体につけ，次の花に移動し，前の花の花粉を次の花の柱頭につける場合を考える。なお，はじめにとまる花と次の花が同じになることもあるものとする。

このとき，マルハナバチがはじめにとまる花がAタイプである確率は ア で，Bタイプである確率は イ である。また，次にとまる花がAタイプである確率は ウ で，Bタイプである確率は エ である。違うタイプの花の花粉がつけば必ず種子ができると仮定すれば，1匹のマルハナバチが個体群中の2つの花を訪れたときに個体群中の花に種子ができる確率は オ と書ける。この確率と個体群中のAタイプの花の割合との関係を示すグラフは カ となり，この確率は，Aタイプの割合pが キ のとき最大値 ク をとることがわかる。

ア ～ オ の選択肢
① p　　② $2p$　　③ p^2　　④ $1-p$
⑤ $2(1-p)$　　⑥ $(1-p)^2$　　⑦ $p(1-p)$　　⑧ $2p(1-p)$

カ の選択肢

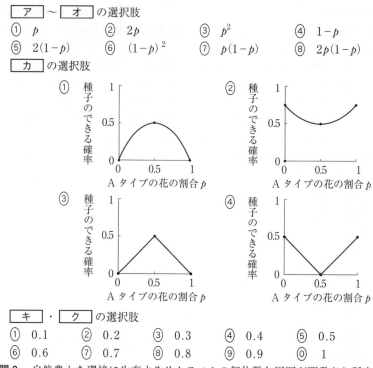

キ ・ ク の選択肢
① 0.1　② 0.2　③ 0.3　④ 0.4　⑤ 0.5
⑥ 0.6　⑦ 0.7　⑧ 0.8　⑨ 0.9　⓪ 1

問2 自然豊かな環境に生育するサクラソウの個体群と周囲が開発され孤立したサクラソウの個体群を比べると，後者では種子があまり生産されないことが見いだされた。そこで，孤立した個体群において種子が十分に生産されない理由を明らかにするために，サクラソウの結実の特性について調査を行った。

実験1 花粉を人工的に添加した後，袋をかけて昆虫が訪花できない状態にして結実を待った。その結果を表1に示す。

表1　人工受粉実験の結果

	自家受粉	Aタイプの花粉を添加	Bタイプの花粉を添加
Aタイプ	0	0	96
Bタイプ	0	94	0

数字は結実率(種子数／総胚珠数，%)を示す。

仮説の設定 孤立した個体群にはAとBの2タイプが存在することが確認され，また花を訪れる昆虫がたいへん少ないことが疑われた。そこで，この個体群において十分な種子生産が行われない理由として次の二つの仮説を立てた。

仮説1 周辺環境の悪化により何らかの理由で植物体の種子生産能力そのものが障害を受けている。

仮説2 花粉媒介昆虫の減少で，2つのタイプの間で花粉が運ばれない。

実験2 これら2つの仮説を検証するために，現地において人工的に花粉を添加する受粉実験を行った。AタイプとBタイプの柱頭に，それぞれAタイプの花粉とBタイプの花粉を添加してから自然状態に放置した場合と，人為的操作を何もせずに自然状態に放置した場合の結実率を比較した。その結果を表2に示す。なお，繁殖が正常に行われている群落における結実率は80%を超えていた。

表2　人工的に花粉を添加した場合の結実率(%)

	放置	Aタイプの花粉を添加	Bタイプの花粉を添加
Aタイプ	7	5	98
Bタイプ	2	96	3

実験の結果からは，**仮説1**，**仮説2**についてどのように判断できるか，また，その判断はどのような根拠をもつかについて述べた，次の文章中の空欄に適する語句の組合せとして最も適当なものを，下表の①～⑧から一つ選べ。

表1の結果は，**仮説1**を ケ し，**仮説2**を コ 。表2の結果は，仮説 サ を肯定する。

	ケ	コ	サ
①	肯定	肯定も否定もしない	1
②	肯定	肯定も否定もしない	2
③	肯定	否定	1
④	肯定	否定	2
⑤	否定	肯定も否定もしない	1
⑥	否定	肯定も否定もしない	2
⑦	否定	肯定	1
⑧	否定	肯定	2

(大阪市大＋神戸大・改)

49 系統進化・分子進化

現存する生物は，細胞を基本単位としている。単一の細胞で生活している生物は単細胞生物と呼ばれ，機能分化した複数の細胞から一つの個体ができている生物は多細胞生物と呼ばれる。また，機能分化がほとんどみられない複数の細胞の集合体も存在し，これは細胞群体と呼ばれる。**多細胞生物と細胞群体との関係については，2つの仮説が考えられる。**

進化の過程は，さまざまな証拠を積み上げて推測するしかないが，その有力な手掛かりの一つが遺伝子の塩基配列やタンパク質のアミノ酸配列といった分子レベルの情報である。図1は，アミノ酸配列にもとづいて作成した，脊椎動物の視物質の分子系統樹を，模式的に示している。脊椎動物の視物質には，桿体細胞に含まれるロドプシンのほか，錐体細胞に含まれる緑オプシン，青オプシン，紫オプシン，赤オプシンがあり，たとえば，図の点線で囲まれた緑の視物質の進化については，まずキンギョ型とハト・トカゲ型の共通の祖先型が分かれ，その後，ハト・トカゲ型がハト型とトカゲ型に分かれたことを意味している。

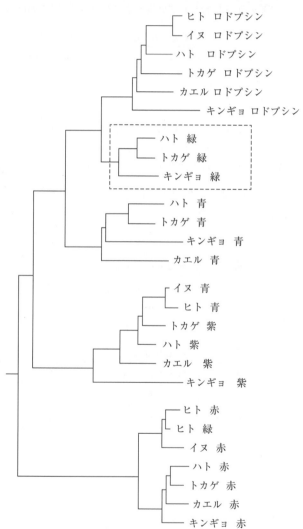

図1　脊椎動物の視物質の分子系統樹
※水平方向に左にいくに従って過去に遡ることを意味している。

問1 下線部に関して答えよ。2つの仮説とは、多細胞生物が単細胞生物から細胞群体を形成する生物を経て進化したという仮説(**仮説A**)と、細胞群体を形成する生物と多細胞生物は、単細胞生物からそれぞれ独自に進化したという仮説(**仮説B**)である。図2の①〜④の系統樹は、**仮説A**または**仮説B**のいずれかに当てはまるものであるが、これらの系統樹のうち、**仮説A**に当てはまるものをすべて選べ。ただし、単細胞・細胞群体・多細胞の三者の間の変化は、それぞれ矢印の箇所だけで生じたものと仮定する。また、それぞれの系統樹上では絶滅はないものとする。

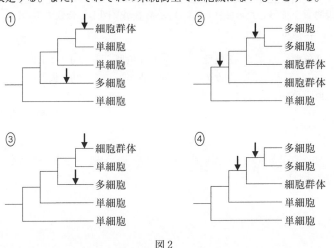

図2

問2 図1について、次の(1)、(2)に答えよ。

(1) 脊椎動物は進化過程で色覚と薄暗い場所での視覚(暗所視)のどちらを先に獲得したと考えられるか。判断の根拠について述べた文として適当なものを、次から一つ選べ。

① 視物質の中で、ロドプシンが分かれたのが最も新しいので、暗所視を獲得したのが最初、つまり、暗所視を色覚より先に獲得したと考えられる。

② 視物質の中で、ロドプシンが分かれたのが最も新しいので、暗所視を獲得したのが最後、つまり、色覚を暗所視より先に獲得したと考えられる。

③ 視物質の中で、ロドプシンが分かれたのが最も古いので、暗所視を獲得したのが最初、つまり、暗所視を色覚より先に獲得したと考えられる。

④ 視物質の中で、ロドプシンが分かれたのが最も古いので、暗所視を獲得したのが最後、つまり、色覚を暗所視より先に獲得したと考えられる。

(2) 図1をもとにして、哺乳類の色覚の進化の過程について述べた次ページの文章中の空欄に適する語句を、下の語群からそれぞれ一つずつ選べ。なお、同じ番号を繰り返し選んでよい。また、錐体細胞の視物質を4種類もつ動物の色覚は4色型、3種類もつ場合は3色型、2種類もつ場合は2色型と呼ぶものとする。

図1において，キンギョは ア ，カエルは イ ，トカゲは ウ であることから，最初に陸上に進出した脊椎動物の色覚は エ であったと考えられる。

オ が2色型であることと カ が3色型であることは，哺乳類が他の動物群から分かれた後に， オ の祖先と カ の祖先が分かれ， オ の祖先がさらに視物質を失った可能性(仮説C)と， オ と カ の共通祖先が視物質を失い， オ の祖先と カ の祖先が分かれた後に， カ の祖先が新たな視物質を獲得した可能性(仮説D)があるが，図1と合致するのは キ ということになる。

① 2色型　　② 3色型　　③ 4色型　　④ ヒト　　⑤ イヌ
⑥ ハト　　⑦ トカゲ　　⑧ カエル　　⑨ 仮説C
⓪ 仮説D

(広島大＋東京海洋大・改)

第6章 総合問題

50 ⏱45分 ▶ 解答 P.70

A. 調味料であるしょう油やみそは，(a)微生物の働きを利用してつくられる発酵食品であり，伝統的に受け継がれてきた。また，遺伝子組換えやバイオリアクターなどの新しい技術や装置の開発によって，さまざまな有用物質が微生物の働きを利用してつくられている。さらに，(b)腸内細菌のバランスを改善するために，宿主（ヒトなど）に有益な作用をもたらす生きた微生物を積極的に利用することもある。

生物のもつ遺伝形質は変異することがあり，より有用な形質をもつ微生物を選び出すことは，古くから行われてきたと考えられる。そして，現代では，遺伝子組換えによって新しい能力をもつ微生物をつくり出すことも可能となっている。

問1 下線部(a)に関して答えよ。発酵および微生物に関する次の記述 a〜d のうち，正しいもののみを含む組合せとして最も適当なものを，下の①〜⑥から一つ選べ。

a．納豆の製造に関わる枯草菌は，シアノバクテリアと同様，細菌ドメインに属する。
b．光合成を行う単細胞生物であるミドリムシ（ユーグレナ）は，シアノバクテリアと同様，細菌ドメインに属する。
c．ヨーグルトの酸味には，乳酸菌の発酵によって生産される乳酸などが関わっている。
d．日本酒の製造で用いられる酵母は，ワインの製造に用いられる酵母と違い，原核生物である。

① a，b ② a，c ③ a，d ④ b，c ⑤ b，d ⑥ c，d

問2 下線部(b)に関連して答えよ。食中毒の原因となる腸管出血性大腸菌 O157（以下 O157 という）に対する乳酸菌の働きを調べるために，次の**実験**を行った。

実験 試験管内に培養液 1mL 当たり 10^7 個となるように O157 を入れて，37℃で14時間培養した。その間 O157 の生菌数（図1），培養液の pH（図2）および培養液中の乳酸濃度（図3）を，2時間ごとに測定した。図中の黒丸（●）は O157 だけで培養した場合で，白丸（○）は培養開始時に培養液 1mL 当たり 10^9 個となるように乳酸菌を加えて O157 を培養した場合である。

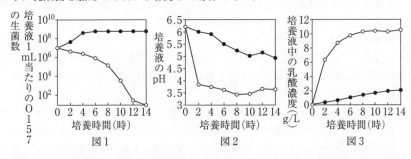

図1　図2　図3

116 第6章 総合問題

(1) 実験の結果の記述として最も適当なものを，次から一つ選べ。

①　O157単独で培養すると，培養液の乳酸濃度もpHも，ともに上昇した。

②　O157単独で培養すると，培養液の乳酸濃度は上昇しないが，培養液のpHが低下した。

③　O157単独で培養すると，培養液の乳酸濃度が上昇し，培養液のpHは低下した。

④　O157に乳酸菌を添加して培養すると，培養液の乳酸濃度もpHも，ともに上昇した。

⑤　O157に乳酸菌を添加して培養すると，培養液の乳酸濃度は上昇しないが，培養液のpHが低下した。

⑥　O157に乳酸菌を添加して培養すると，培養液の乳酸濃度が上昇し，培養液のpHは低下した。

(2) O157は乳酸菌とともに培養すると死滅することを示す結果を得たことから，O157が死滅したのは，乳酸菌が生産した乳酸の濃度と培養液のpHの変化が複合して働いたためであるという仮説を立てた。この仮説を検証するための追加実験を行って，仮説を支持する結果を得た。次の結果a～dのうち，仮説が支持される結果の組合せとして最も適当なものを，下の①～⑥から一つ選べ。

　　a．乳酸を10g/L含むpH6.2の培養液でO157を培養したときには，O157が死滅した。

　　b．乳酸を10g/L含むpH3.5の培養液でO157を培養したときには，O157が死滅した。

　　c．乳酸を2g/L含むpH6.2の培養液でO157を培養したときには，O157が死滅した。

　　d．乳酸を2g/L含むpH3.5の培養液でO157を培養したときには，O157が死滅しなかった。

①　a，b　②　a，c　③　a，d　④　b，c　⑤　b，d　⑥　c，d

B. 現代は，プラスチックに強く依存した社会であり，我々はプラスチックを大量生産・大量消費している。そして，使用済みのプラスチックは，さまざまな方法によりリサイクルが試みられている。しかし，全体の約1/3は回収されることなく環境に流出していると推定されている。環境に流出したプラスチックは，紫外線や波・風等により徐々に断片化されて，大きさが5mm以下の「マイクロプラスチック」となる。マイクロプラスチックは，海水中に微量に含まれるポリ塩化ビフェニル(PCB)やジクロロジフェニルトリクロロエタン(DDT)などの有害物質を吸着する性質がある。

　プラスチックの一種であるポリエチレンテレフタレート(PET)は，強度や透明性に優れることから飲料ボトルや繊維などに汎用されている。PET樹脂は高い安定性を有していることから，環境中において生物による分解は起こらないと考えら

117

れてきた。しかし，京都工芸繊維大学と慶應義塾大学の研究グループは，(c)PET樹脂を食べて生育することができる新種の微生物 *Ideonella sakaiensis* を発見し，PET 分解機構の解明を目指して微生物のゲノム解析を実施した。そして，(d)PET樹脂を分解して MHET を生成する新規酵素(後に PETase と命名された)を見いだすことに成功した。しかし，PETase は MHET をテレフタル酸とエチレングリコールに分解できないので，MHET を分解する別の酵素が存在することが示唆された。

そこで，栄養源を変えて *I. sakaiensis* を培養し，発現している遺伝子の網羅的解析が行われた。その結果，　ア　が見いだされた。そこで，この遺伝子をプラスミドに組み込み，大腸菌でタンパク質の大量調製が行われた。そして，そのタンパク質の機能を解析した結果，探し求めていたMHET をテレフタル酸

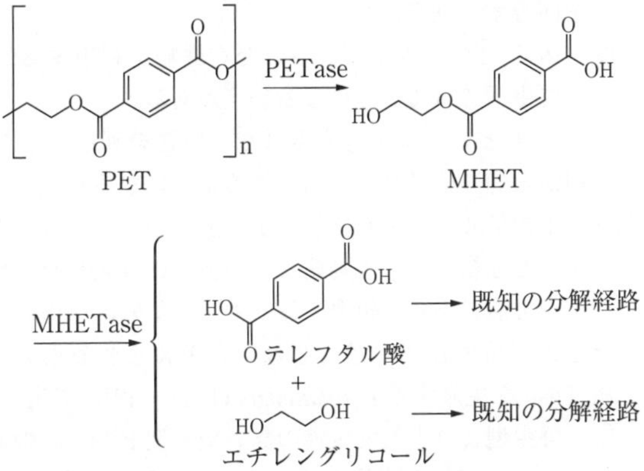

図 4　*Ideonella sakaiensis* の PET 分解経路

とエチレングリコールに分解する酵素であることがわかり，MHETase と命名された。また，PETase と MHETase は，PET を栄養源として *I. sakaiensis* を培養した場合に，特に発現量が増加していた。以上の様にして PET の分解経路の全容が世界で初めて解明された。これらの研究成果は，2016年3月に米国の学術雑誌である『Science』に掲載され，世界中のメディアによって大きく報道された。

PET 樹脂は，今から約70年前に初めて化学合成された樹脂である。したがって，PET 樹脂が合成される以前は，PET を分解する微生物は存在していなかったと考えられる。また，(e)既にゲノム解読が終了しているすべての微生物と *I. sakaiensis* のゲノムを比較したところ，MHET を分解して生育できる微生物に PETase の前身となる遺伝子の伝搬やその遺伝子への突然変異が起こり，PET を分解して栄養源として生きることができる新しい微生物が誕生したと推測された。したがって，この様な微生物の進化が，数十年以内という短い期間で起こりうることがこれらの結果から推定された。

ある機関の調査では，2050年には海水中のプラスチックの重量は，生息する魚の重量を超えるとの予測がある。したがって，プラスチック使用量の低減や使用済みプラスチックのリサイクル率の向上は，積極的に取り組まなければならない喫緊の課題である。この様な状況において，(f)今回見いだされた PET 分解菌と PET 分解に特化した酵素は，プラスチックのバイオリサイクルという全く新しい技術の中核をなすものであると期待されている。

118　第6章　総合問題

問3　下線部(c)について答えよ。*I. sakaiensis* が PET 樹脂を食べて生育できることは，この微生物にとってどのような利点があると考えられるか。利点について述べた記述として最も適当なものを，次から一つ選べ。

① 他の生物が利用できない物質を利用することによって，資源をめぐる種内競争を回避する利点がある。

② 他の生物が利用できない物質を利用することによって，資源をめぐる種間競争を回避する利点がある。

③ PET という人工合成された有機物を利用することによって，独立栄養生物として生活できるようになる利点がある。

④ PET という人工合成された有機物を利用することによって，生態系の物質循環から切り離されて生活できるようになる利点がある。

問4　下線部(d)に関連して答えよ。遺伝子工学の技術を用いて PETase の遺伝子をベクターと連結して，大腸菌などの宿主に導入した組換え体で PETase の生産を行うことが可能である。組換え体で生産した酵素を用いて PET 樹脂を分解するときに，**ほとんど分解反応が進行しないと考えられるもの**を，次から一つ選べ。ただし，PETase を生産する *I. sakaiensis* は，15〜42℃で生育可能な常温性の微生物である。

① 野生型よりも熱安定性の高い変異型 PETase の遺伝子を宿主の細胞内で発現させて，回収した菌体の破砕液を調製する。そして，得られた破砕液と PET 樹脂を混ぜて，熱安定性の高い変異型酵素の最適温度で反応する。

② 強いプロモーターを用いて野生型 PETase の遺伝子を宿主の細胞内で大量に発現させて，回収した菌体の破砕液を調製する。そして，得られた破砕液と PET 樹脂を混ぜて，野生型 PETase の最適 pH・最適温度で反応する。

③ 野生型 PETase の遺伝子を宿主の細胞内で発現させて，回収した菌体の破砕液を調製する。そして，得られた破砕液を一度沸騰させた後，PET 樹脂と混ぜて野生型 PETase の最適温度・最適 pH で反応する。

④ 発現したタンパク質を細胞外に分泌するような配列を付加した変異型 PETase の遺伝子を宿主で発現させる。そして，細胞外に分泌された酵素を含む培養液と PET 樹脂を混ぜて反応する。

⑤ 野生型と比較して高い分解活性を示す変異型 PETase の遺伝子を宿主の細胞内で発現させて，回収した菌体の破砕液を調製する。そして，得られた破砕液と PET 樹脂を混ぜて反応する。

問5　文章中の空欄アに入る短文として最も適当なものを，次から一つ選べ。

① いずれの培養条件においても発現量が少ないもの

② いずれの培養条件においても発現量が多いもの

③ いずれの培養条件においても発現パターンが PETase 遺伝子とよく似た挙動を示すもの

④ いずれの培養条件においても発現パターンが PETase 遺伝子と逆になるもの

問6　次の a 〜 d の記述のうち，下線部(e)の内容と一致するものの組合せとして最も

適当なものを，下の①～⑥から一つ選べ。

a．*I. sakaiensis* 以外の微生物のゲノム中に，PETase の遺伝子と塩基配列がよく似た遺伝子があった。

b．*I. sakaiensis* 以外に，PETase の遺伝子をもつ微生物がいた。

c．*I. sakaiensis* 以外に，MHETase の遺伝子をもつ微生物がいたが，この微生物のゲノム上に PETase の遺伝子は存在しなかった。

d．*I. sakaiensis* 以外に，MHETase の遺伝子をもつ微生物がおり，この微生物のゲノム上に PETase の遺伝子と塩基配列がよく似た遺伝子が存在した。

① a，b　② a，c　③ a，d　④ b，c　⑤ b，d　⑥ c，d

問7　下線部(f)に関連して答えよ。PET 分解微生物 *I. sakaiensis* は，テレフタル酸 $(C_8H_6O_4)$ を呼吸によって CO_2 と H_2O に分解することが可能である。テレフタル酸の呼吸商を計算し，最も近いものを次から一つ選べ。

① 0.67　② 0.77　③ 0.87　④ 0.97　⑤ 1.07

(センター試験＋慶應大(看護医療)・改)

51

神経の働きと分化に関する次の文章(**A・B**)を読み,下の問いに答えよ。

A． 神経細胞は,静止状態と興奮状態の2つの状態をとることが知られている。
　髄鞘のない軸索の伸びた神経細胞を生理食塩水に入れ,2本のガラス微小電極X,Yを,軸索内もしくは溶液の中に配置した。以下の**実験1〜実験3**において,電極Xの電位から電極Yの電位を引いた電位差をオシロスコープで測定した(図1,図2)。

実験1　電極Xを軸索内に差し込み,電極Yは軸索から離れた溶液の中に配置した。Aの点を刺激して軸索に沿って興奮を伝導させた(図1)。

実験2　電極Xおよび電極Yを軸索内に差し込み,Bの点を刺激して軸索に沿って興奮を伝導させた(図2)。

実験3　電極Xおよび電極Yを軸索内に差し込み,Cの点を刺激して軸索に沿って興奮を伝導させた(図2)。

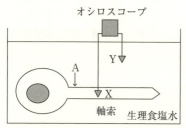

図1　神経軸索における電位差測定(実験1)

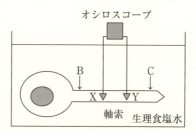

図2　神経軸索における電位差測定(実験2・実験3)

問1　**実験1**および**実験3**の電位差測定の結果として最も適当なグラフを,次の①〜⓪からそれぞれ1つずつ選べ。なお,同じ番号を繰り返し選んでもよい。

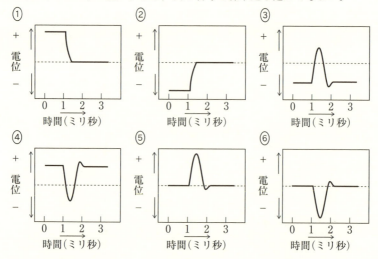

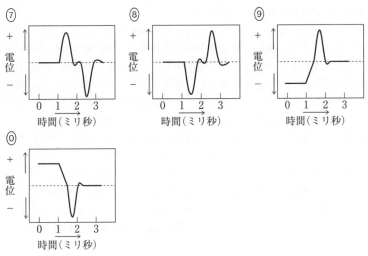

問2 実験2，実験3および神経に関する次の記述から，適当なものを三つ選べ。
① 実験2と実験3では，全く同じ波形を示す。
② 刺激を受けていない神経細胞では，細胞の内側は外側に対して電位が低くなっている。
③ 神経細胞の内外での Na^+ と K^+ の濃度差は，膜電位の発生に関与する。
④ 軸索のまわりが髄鞘に囲まれている有髄神経繊維では，髄鞘が活動電流を流しやすい導体としての役割を果す。
⑤ シナプスを構成する神経繊維の末端には，ミトコンドリアや多数のシナプス小胞があり，この小胞には，アセチルコリンやノルアドレナリンなどの神経伝達物質が含まれる。
⑥ 神経細胞間の情報伝達に関わるシナプスでは，神経伝達物質によって，シナプス小胞から Ca^{2+} が放出され，次の細胞への一方向性の情報の伝達が行われる。

B. ネズミ由来の神経系の幹細胞であるP細胞（未分化P細胞）は，通常の培養液では，未分化な状態を維持しながら増殖を繰り返すが，神経成長因子（以下NGFと呼ぶ）が培養液に存在すると，増殖を停止して神経細胞に分化する。NGFがその特異的な受容体（NGF受容体）に結合すると，細胞内の複数のタンパク質を介して情報伝達が行われ，神経細胞分化が遂行されていく。P細胞を用いて**実験4～実験8**を行い，結果を得た。

実験4 未分化P細胞のNGFによる神経分化過程における形態変化を観察したところ，通常の培養液にNGFを添加して12時間後には神経突起の出現が，48時間後には神経突起が十分に伸びた形態（神経突起の伸長）が観察された。
実験5 未分化P細胞を培養している通常の培養液に，NGFを添加して12時間培養した。その後，NGFを含まない通常の培養液に戻して36時間培養したところ，

122 第6章 総合問題

神経突起の伸長は観察されなかった。

実験6 未分化P細胞を培養している通常の培養液に，NGFを添加して48時間培養した。その後，細胞を培養している培養液を，NGFを含む培養液に交換して培養した場合とNGFを含まない通常の培養液に交換して培養した場合について，24時間後に細胞の形態を比較した。NGFを含まない後者では，核の凝縮をともなう細胞死（アポトーシス）が観察されたが，NGFを含む前者では，アポトーシスは観察されず，神経突起は伸長したままで細胞は生存していた。

実験7 未分化P細胞を培養している通常の培養液に，NGFを添加して48時間培養した。その後，NGFを含まないが，タンパク質分解酵素Cを特異的に阻害する薬剤を含む培養液に交換すると，アポトーシスは観察されなかった。

実験8 未分化P細胞を培養している通常の培養液にNGFを添加すると，1時間以内に細胞内のタンパク質Wの活性化が認められた。しかし，NGFを添加するときに，タンパク質Wの活性化を特異的に阻害する薬剤を同時に添加すると，12時間後，神経突起の出現は観察されなかった。

問3 実験に関する考察として，より適当と考えられるものを，次の①と②，③と④，⑤と⑥，⑦と⑧，⑨と⓪からそれぞれ一つずつ，合計五つ選べ。なお，NGFによる細胞内への情報伝達は，NGF受容体を介してのみ行われるとして答えよ。

① NGF受容体は，P細胞の神経突起の出現に関わる情報伝達に関与する。

② NGF受容体は，P細胞の神経突起の出現に関わる情報伝達に関与しない。

③ NGF受容体は，P細胞の神経突起の伸長に関わる情報伝達に関与する。

④ NGF受容体は，P細胞の神経突起の伸長に関わる情報伝達に関与しない。

⑤ 未分化P細胞はNGFがない培地で増殖するのに対して，神経分化したP細胞はNGFの除去によってアポトーシスした。これは，神経分化したP細胞では，NGFがないとタンパク質分解酵素Cが活性化するからである。

⑥ 未分化P細胞はNGFがない培地で増殖するのに対して，神経分化したP細胞はNGFの除去によってアポトーシスした。これは，神経分化したP細胞では，NGFがないとタンパク質Wが活性化しないからである。

⑦ タンパク質Wの活性化は，P細胞の神経突起の出現だけでなく，神経突起の伸長にも関与する。

⑧ タンパク質Wの活性化は，P細胞の神経突起の出現に関与するが，神経突起の伸長に関与するかどうかはわからない。

⑨ NGFは，未分化P細胞の生存および神経分化に関与する。

⓪ NGFは，未分化P細胞の神経分化や，神経分化したP細胞の生存に関与する。

問4 NGFによる神経分化には，細胞質に存在するタンパク質Yの活性化と，細胞質に存在するタンパク質Wの核への移行の関与が考えられていた。そこで，P細胞におけるNGFとNGF受容体（細胞外領域，細胞膜貫通領域，細胞質領域をもつ）を介した神経分化の分子機構を解明するために，以下のような**作業仮説**を立て，そ

の検証実験を行うことにした。

作業仮説 NGF 受容体は，NGF と細胞外領域で結合すると，その細胞質領域を介して，タンパク質 Y を活性化する。活性化されたタンパク質 Y は，細胞質に存在するタンパク質 W を活性化し，活性化されたタンパク質 W は核に移行して，神経分化に関わる遺伝子の発現調節に関与する。

この**作業仮説**を検証するための実験および結果に関する記述として，より適当なものを，次の①と②，③と④，⑤と⑥，⑦と⑧からそれぞれ一つずつ，合計四つ選べ。

① 未分化 P 細胞に，細胞外領域を欠いた NGF 受容体を発現させるための DNA を導入し，NGF によるタンパク質 Y の活性化の程度を調べる。作業仮説が妥当であれば，タンパク質 Y の活性化は全くみられない。

② 未分化 P 細胞に，細胞質領域を欠いた NGF 受容体を発現させるための DNA を導入した場合と導入しない場合について，NGF によるタンパク質 Y の活性化の程度を比較する。作業仮説が妥当であれば，細胞質領域を欠いた NGF 受容体を発現させるための DNA を導入した未分化 P 細胞の方が，タンパク質 Y の活性化の程度は低い。

③ タンパク質 Y の活性化を特異的に阻害する薬剤を培養液に添加して，未分化 P 細胞における NGF によるタンパク質 W の活性化の程度を調べる。作業仮説が妥当であれば，薬剤を添加していない場合に比べて，タンパク質 W の活性化の程度は低い。

④ タンパク質 W の活性化を特異的に阻害する薬剤を培養液に添加して，未分化 P 細胞における NGF によるタンパク質 Y の活性化の程度を調べる。作業仮説が妥当であれば，薬剤を添加していない場合に比べて，タンパク質 Y の活性化の程度は低い。

⑤ タンパク質 Y をコードする遺伝子を欠いた未分化 P 細胞を作製し，NGF によるタンパク質 W の局在を調べる。作業仮説が妥当であれば，タンパク質 W は細胞質に局在する。

⑥ タンパク質 Y をコードする遺伝子を欠いた未分化 P 細胞を作製し，NGF によるタンパク質 W の局在を調べる。作業仮説が妥当であれば，タンパク質 W は核に移行する。

⑦ 未分化 P 細胞を培養している通常の培養液に，DNA 合成を特異的に阻害する薬剤を添加し，NGF による神経分化の誘導への影響を調べる。作業仮説が妥当であれば，神経分化は観察されない。

⑧ 未分化 P 細胞を培養している通常の培養液に，RNA 合成を特異的に阻害する薬剤を添加し，NGF による神経分化の誘導への影響を調べる。作業仮説が妥当であれば，神経分化は観察されない。

(北里大・改)

52

ヒトのからだを構成する細胞が正常に機能するためには，(a)細胞を構成する多様なタンパク質が，それぞれあるべき場所に運ばれる必要がある。例えば，クエン酸回路を構成する酵素は細胞小器官である ア に運ばれるのに対して，インスリンは イ の細胞の外側に放出され，インスリン受容体はグリコーゲンの合成を促進するために ウ の細胞の細胞膜表面でインスリンのシグナルを受け取る。インスリンのような(b)分泌タンパク質は エ 小胞体で合成され，ゴルジ体を経て，細胞膜の外側に放出される。この過程はエキソサイトーシスと呼ばれる。一方，エンドサイトーシスで細胞外から取り込まれた高分子などを分解するための細胞小器官である オ で働く分解酵素は，同様に エ 小胞体で合成され，ゴルジ体を経て オ に輸送される。細胞内で輸送中のタンパク質は カ 二重膜からなる小さな小胞の中に包まれ，(c)細胞骨格に沿って移動していることがわかっていたが，小胞がどのようにして中身のタンパク質を正確に目的地に輸送できるのかは謎であった。2013年のノーベル生理学・医学賞は，このタンパク質の小胞輸送のメカニズムを解明したアメリカのシェクマン，ロスマンおよびスードフの3人に授与された。

1人目のシェクマンは，小胞輸送に必要なさまざまなタンパク質をコードする遺伝子を発見した。彼は，遺伝子の変異により小胞輸送が途中でうまくいかなくなった(d)酵母の温度感受性変異株を多数取得した。これらの変異株の変異遺伝子を同定することで，異なる細胞小器官や細胞表面への輸送をコントロールしている多数の遺伝子が明らかになった。

2人目のロスマンは，(e)小胞が目的地の膜と融合する際の目印となる一連のタンパク質複合体を発見した。下の図1に示すように，小胞の表面に存在するv-SNAREと総称される一連のタンパク質は，目的地の膜の表面に存在するt-SNAREと総称されるタンパク質のうち対応するものとのみ結合する。このv-SNAREとt-SNAREの結合により小胞の膜と目的地の膜の融合が引き起こされるので，それぞれ異なるv-SNAREを有する小胞は，対応するt-SNAREが存在する正しい場所で膜融合し，対応するt-SNAREが存在しない膜とは融合しないので，小胞の中の積み荷分子を正しい目的地にのみ配達することができる。

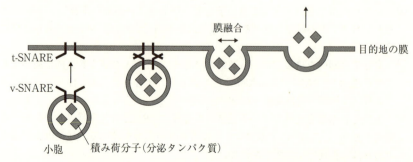

図1　SNAREタンパク質の相互作用を介した膜融合の模式図

125

　3人目のスードフは，脳内で神経細胞から神経細胞へシナプスを介した信号がどのように伝播し，その過程をカルシウムがどのように制御しているかを研究していた。彼は，カルシウムイオンを感知してシナプス小胞の膜融合の引き金を引くタンパク質の1つとしてシナプトタグミン1を同定した。(f)シナプトタグミン1の遺伝子を欠失させたマウスは生後48時間で死亡したので，そこから採取した神経細胞をシャーレ上で培養して電気化学的な性質を調べたところ，カルシウムに依存しない神経伝達物質の放出は正常であったが，カルシウム依存的な神経伝達物質の放出は減少していた。また，カルシウム結合能力を半分に減少させたシナプトタグミン1の変異体遺伝子を作成し，その遺伝子を野生型遺伝子と置換したマウスでは，カルシウム依存的な神経伝達物質の放出が半分に減少した。これらの結果から，神経細胞の興奮により濃度上昇した(g)カルシウムイオンが，どのようにしてシナプス小胞から神経伝達物質を素早く放出させているかを説明できるようになった。

問1　上の文章中の空欄に当てはまる最も適当な語句を，次から一つずつ選べ。

① 滑面　　② 肝臓　　③ 脂質　　④ 腎臓　　⑤ すい臓
⑥ 粗面　　⑦ 糖質　　⑧ 副腎　　⑨ ペルオキシソーム
⓪ ミトコンドリア　　ⓐ 葉緑体　　ⓑ リソソーム

問2　下線部(a)について，ヒトのタンパク質は，mRNA から翻訳された段階で，およそ何種類あると考えられているか，次から最も適当なものを一つ選べ。

① 数百〜数千　　② 数万〜数十万　　③ 数百万〜数千万
④ 数億〜数十億　　⑤ 数百億〜数千億

問3　下線部(b)について，**分泌タンパク質ではないもの**を，次から一つ選べ。

① コラーゲン　　② サイトカイン　　③ トリプシン
④ ヘモグロビン　　⑤ 免疫グロブリン

問4　下線部(c)に関連して答えよ。細胞骨格のうち，最も太い繊維の上を移動するモータータンパク質のみを含む組合せとして最も適当なものを，次から一つ選べ。

① ミオシンとアデニン　　② ミオシンとダイニン　　③ ミオシンとピロニン
④ ミオシンとキネシン　　⑤ アデニンとダイニン　　⑥ アデニンとピロニン
⑦ アデニンとキネシン　　⑧ ダイニンとピロニン　　⑨ ダイニンとキネシン
⓪ ピロニンとキネシン

問5　下線部(d)について，以下の(1)〜(3)に答えよ。

(1)　酵母をこの実験に使用した理由の1つは，酵母は二倍体だけではなく一倍体でも生育できるので変異遺伝子のスクリーニングが容易だからである。酵母を使用したその他の理由に関する次の記述のうちから，**誤っているもの**を一つ選べ。

①　酵母はヒトと同じ真核生物なのでヒトの病気の研究にも役立つから。
②　酵母は単細胞生物なので増殖が早く実験が短時間に行えるから。
③　酵母は小胞輸送により解糖系を構成する酵素を大量に培地中に分泌しているから。
④　酵母は食品にも利用されているように安全な微生物だから。

第6章

総合問題

(2) 温度感受性の変異株とは，低温(25℃)では生育できるが，温度を上げると(37℃では)生育できない一倍体の酵母変異株である。この遺伝子にはどのような変異が生じたと考えられるか，最も適当なものを次から一つ選べ。
① 1塩基が置換したがアミノ酸が変化しないような変異
② 1塩基の置換によりアミノ酸が変化する変異
③ 1塩基の置換により終止コドンが出現する変異
④ 1塩基の欠失または挿入によりコドンの読み枠がずれるフレームシフト変異

(3) 得られた変異株は，分泌タンパク質の輸送が途中でとまって分泌タンパク質が蓄積した場所に応じて，表1に示すような4種類のタイプに分類された。
タイプⅠの変異とタイプⅢの変異の両方の変異をもつ一倍体の二重変異株を作成したとき，この変異株はどのような形質を示すと考えられるか，最も適当なものを次から一つ選べ。

表1　小胞輸送に異常が生じた酵母の変異株の分類

変異のタイプ	分泌タンパク質が蓄積した場所
Ⅰ	小胞体
Ⅱ	小胞体からゴルジ体への輸送小胞
Ⅲ	ゴルジ体
Ⅳ	ゴルジ体から細胞膜への分泌小胞

① タイプⅠの変異と同じ形質　　② タイプⅡの変異と同じ形質
③ タイプⅢの変異と同じ形質　　④ タイプⅣの変異と同じ形質

問6 下線部(e)について答えよ。局在場所が異なるt-SNAREタンパク質とv-SNAREタンパク質をそれぞれ3種類ずつ精製し，人工的な小胞に挿入した。これらの人工小胞を3×3通りの組合せで混合したときに膜融合を起こすかどうかをそれぞれ調べたところ，図2に示す結果が得られた。

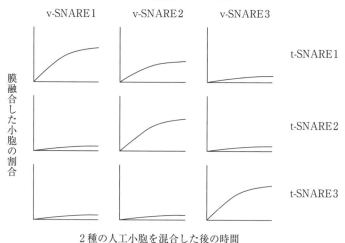

図2　人工小胞の膜融合実験の結果

一方，v-SNARE1遺伝子に変異が生じた酵母の変異株は表1に示したタイプⅣの表現型を，v-SNARE3遺伝子に変異が生じた酵母の変異株はタイプⅡの表現型を示した。t-SNARE1〜3の局在場所として最も適当な組合せを，下表から一つ選べ。ただし，酵母における液胞は，動物細胞におけるリソソームに相当する。

	t-SNARE 1	t-SNARE 2	t-SNARE 3
①	ゴルジ体	液　胞	細胞膜
②	ゴルジ体	細胞膜	液　胞
③	液　胞	ゴルジ体	細胞膜
④	液　胞	細胞膜	ゴルジ体
⑤	細胞膜	ゴルジ体	液　胞
⑥	細胞膜	液　胞	ゴルジ体

問7 下線部(f)について答えよ。シナプトタグミン1がどのようにしてカルシウム依存的な放出を促進しているかに関する仮説としては，シナプトタグミン1がカルシウムイオン(Ca^{2+})存在下でt-SNAREタンパク質と相互作用することで，小胞の膜融合を促進すると考えられている。この仮説を証明するために，上記のt-SNAREタンパク質とv-SNAREタンパク質を別々に組み込んだ人工小胞の膜融合実験において，精製したシナプトタグミン1の細胞質領域とCa^{2+}の存在下で膜融合が促進されるかどうかを調べたところ，下の図3に示す結果が得られた。この実験結果からわかることとして**不適当と考えられるもの**を，下の①〜④から一つ選べ。

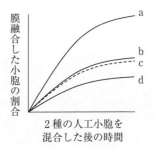

図3　人工小胞の膜融合実験の結果

① Ca^{2+}が存在するとき，シナプトタグミン1はt-SNAREタンパク質と相互作用する。
② Ca^{2+}が存在するとき，シナプトタグミン1は膜融合を促進する。
③ Ca^{2+}が存在しないとき，シナプトタグミン1は膜融合をわずかに抑制する。
④ シナプトタグミン1が存在しないとき，Ca^{2+}は膜融合にほとんど影響を与えない。

128　第6章　総合問題

問8　下線部(g)に関連して，カルシウムイオンまたはカルシウム塩と生命現象について述べた文として適当なものを，次からすべて選べ。

① ウニの卵細胞に精子が到達すると，卵細胞質のカルシウム濃度が高まり，先体の内容物が放出される。

② 細胞接着分子の1種であるカドヘリンは，カルシウムイオン存在下で働く。

③ トロポミオシンがカルシウムイオンと結合すると，トロポニンの構造が変わり，筋原繊維を構成するタンパク質が相互作用して，筋収縮が起こる。

④ アメフラシの慣れにおいて，カルシウムイオンを特異的に通すチャネルの不活性化がみられる。

⑤ 平衡感覚器官のひとつである半規管では，炭酸カルシウムでできた平衡石(耳石)が重要な役割を果たしている。

⑥ 軟骨魚類の骨格は，海水生活で不足しがちなカルシウム塩の貯蔵場所として発達した。

⑦ リン酸カルシウムは硬骨や貝殻の主成分であり，動物の体を支える働きを果たしている。

⑧ 甲状腺から分泌されるパラトルモンは，血液中のカルシウムイオン濃度を低下させる。

(慶應大(看護医療)・改)

大学入学
共通テスト
実戦対策問題集
生物

別冊
解答 ▶

旺文社

大学入学
共通テスト
実戦対策問題集

生物

実戦対策問題集

別冊
解答

旺文社

第1章 細胞・分子・代謝

1 受容体と情報伝達
問1 ② 問2 ⑥ 問3 ① 問4 ②

解説 ▶ まず，事実としてわかっていることを確認する。

・マクロファージは細菌抗原Rにより活性化する。

・活性化しているマクロファージでは，Rは受容体Pと細胞外で結合しており，Pは細胞内でタンパク質Qと結合している。

次に仮説を確認する。

・Rによるマクロファージの活性化は，「RがPに結合 ⟶ Pの細胞の内側部分が変化 ⟶ PとQが結合 ⟶ マクロファージ活性化」という流れにより起こる。

問1 実験a：活性化しているマクロファージの内部では，PとQが結合していることは事実としてわかっているが，仮説ではPとRが結合したときにのみPとQが結合する，としている。そのため，PとQの結合がRを加えなくても起こるのかを確認する必要があり，仮説が正しいならばPとQの結合は起こらない。

実験b：既知の事実として，Rを受容し活性化したマクロファージが免疫系情報伝達物質を分泌することが知られている，とリード文にあるため，Rを加えていないマクロファージは免疫情報伝達物質を分泌していないと考えられる。また，今回の仮説は「Rの受容～マクロファージの活性化」の過程に関するものであり，活性化以降に起こる免疫情報伝達物質の分泌の有無は，仮説検証のためには調べる必要はない。

実験c：形質細胞とは，抗原を認識したB細胞から分化する，抗体を産生する細胞である。白血球の一種ではあるがマクロファージとは異なる細胞であり，今回の仮説検証のために調べる必要はない。

問2 実験d：仮説では，「Pの変化後に起こるPとQの結合によって，マクロファージの活性化が起こる」としている。Qを欠損したマクロファージにRを加え，マクロファージの活性化が起こるかどうかを確認することで，マクロファージの活性化にPとQの結合が必要なのか不必要なのかを調べることができる。よってこの実験は仮説検証に必要であり，仮説が正しかった場合には，Qを欠損したマクロファージではPとQの結合が起こらないため，活性化は起こらない。

実験e：実験結果を比較する時は，いろいろな要因を含む実験条件のうち，1つの要因だけが異なる組合せで比較する。通常の細胞と，PとQを欠損させた細胞を比べようとしても，2種類のタンパク質の有無が異なっていては比較できない。Qのみを欠損した細胞を用いた実験dとQとPを欠損させた細胞を用いる実験eは，Pの有無のみが異なるため比較できるが，実験d～hのうち選ぶ実験は3つであるため，通常の細胞と要因が1つだけ異なる実験が他に3つあれば，それら

4　第1章　細胞・分子・代謝

の方がより適当であり，そちらを選ぶ。

　　実験f：Qを欠損し，かつQ′をもつマクロファージを用いることで，マクロファージの活性化に「PとQが結合」するという過程が必要であるのかどうかを調べることができる。よって仮説検証に必要であり，仮説が正しかった場合にはPとQの結合が起こらないため，活性化は起こらない。

　　実験g：Pを欠損し，かつP′をもつマクロファージを用いることで，マクロファージの活性化に「PとQが結合」するという過程が必要であるのかどうかを調べることができる。よって仮説検証に必要であり，仮説が正しかった場合には，細胞の内側部分を欠くP′ではPとQの結合が起こらないため，活性化は起こらない。

　　実験h：マクロファージは細菌抗原が受容体に結合すると活性化する，ということが事実として知られている。よって，細菌抗原と結合しない変異受容体P″をもつマクロファージは抗原の有無によらず活性化しないと考えられ，この実験は仮説検証には必要ではない。

問3　タンパク質の立体構造は，ポリペプチド鎖の折りたたみ（フォールディング）により形成される。1本のポリペプチド鎖は，アミノ酸残基のアミノ基およびカルボキシ基間の水素結合による二次構造，側鎖間の水素結合やS-S結合などによる三次構造をとり，特定の立体構造をとる。タンパク質によっては複数のポリペプチド鎖が組み合わさることで四次構造をとるものもある。すなわちタンパク質の立体構造は二次構造から四次構造により構成され，これらが変化すると立体構造は変化し，今まで結合できなかった物質と結合するなどの機能変化が生じることがある。一方，タンパク質の一次構造とはポリペプチド鎖のアミノ酸配列のことであり，これはポリペプチド鎖が合成される際に決定され，合成された後に変化することはない。

問4　細菌抗原Rは細胞外に存在し，タンパク質Qは細胞内に存在するのでQは細菌抗原と結合することはない。よって③，④は誤り。QをもたずQ″をもつ細胞では，PとQ″の結合は起こるが，活性化は起こらない。よって，Qの構造の中でタンパク質Pと結合する部位はマクロファージの活性化を起こさず，タンパク質Pと結合する部位以外の部位がマクロファージの活性化を引き起こすといえる。よって①は誤りで②が正しい。

2　酵素

　　問1　仮説A－①　仮説B－⑥

　　問2　実験C－③　実験D－①

解説 ▶ **問1**　仮説Aは，反応速度の低下の原因を基質の濃度低下（基質の不足）としている。よって，この仮説を検証するためには，反応速度が低下した際に基質を追加[※1]し，その結果，反応速度が上昇することが確認で

←※1　反応速度低下の原因を取り除く処理。

ければよい。

仮説Bは，反応速度の低下の原因を生成物の増加（反応阻害物質の増加）としている。よって，この仮説を検証するためには，あらかじめ生成物を加えておき[※2]，その結果，生成物を加えないときよりも反応速度が低下することが確認できればよい。

← ※2 反応阻害物質を加える処理。

問2 図1から，15℃と50℃における反応時間にともなう生成量の変化を読み取ると，下表のようになる。

		3時間後	10時間後	26時間後	50時間後
生成量 （相対値）	15℃	0.5	1.5	3.25	5.4
	50℃	1.8	2.25	2.95	3.1

これをもとに反応速度の変化を考えると，次のようになる。

このように，反応速度は15℃，50℃ともに，時間経過にともない低下するが，その減少の率は50℃の方が大きい。この設問では，その理由として2つの仮説を考え，その検証のための実験を考案しているのである。

① この仮説は，反応速度の低下の原因を生成物の増加（反応阻害物質の増加）とし，その阻害効果が15℃よりも50℃で大きいとしている。よって，この仮説を検証するためには，あらかじめ生成物を加えておき，その結果，15℃よりも50℃で反応速度が低下することが確認できればよい。よって実験Dで確かめられる仮説として適当である。

6 第1章　細胞・分子・代謝

② この仮説は，反応速度の低下の原因を基質の濃度低下(基質の不足)とし，その濃度低下が 15℃ よりも 50℃ で大きいとしている。よって，この仮説を検証するためには，反応時間にともなう基質量を調べ，その結果 15℃ よりも 50℃ で基質量が低下していることが確認できればよい。また，基質は生成物へと変化するため，反応時間にともなう生成量を調べ，その結果 15℃ よりも 50℃ で生成量が増加していることを確認してもよい。よって，この仮説を検証する実験として実験C，Dはいずれも不適当である。なお，反応26時間と50時間の時点では，15℃ よりも 50℃ の方が生成物量は少ない(≒15℃ よりも 50℃ の方が基質量は多い)が，反応速度は 15℃ の方が大きいため，この仮説は誤りである。

③ この仮説は，50℃ という高温条件におけるタンパク質の熱変性(酵素の失活)が，50℃ に置かれた時間経過にともない増加するとしている。よって，この仮説を検証するためには前処理として 50℃ 条件に置く時間をさまざまに変えた酵素液を準備し，50℃ 条件に置かれた時間が短いほど酵素活性が高く(反応速度が大きく)，50℃ 条件に置かれた時間が長いほど酵素活性が低い(反応速度が小さい)ことが確認できればよい。よって実験Cで確かめられる仮説として適当である。

---

3 遺伝子重複と突然変異・遺伝

問1　① 　　問2　①
問3　③ 　　問4　⑥

解説 ▶ **問1**　突然変異体1はM型酵素の活性のみが検出されない([M−，S+])。よって Pm 遺伝子に変異が起きていると考えられ，Ps 遺伝子における変異やS型酵素の活性がないとする②，④は不適当。

① エキソン内に4塩基の挿入が起きた場合，挿入箇所以降，mRNA のコドンの読み枠がずれる。その結果，本来とはアミノ酸配列が大きく異なるポリペプチドしか合成されず，M型酵素は合成されない。よって正しい。

③ DNA ポリメラーゼが活性をもたない場合，DNA の複製を行うことができないため，その細胞は細胞分裂を行うことができない。すなわち受精卵の段階で発生は停止する。よって不適当。

問2　図2において，突然変異体2では Ps 遺伝子の mRNA が検出されていない。よって，突然変異体2がS型酵素の活性をもたないのは，転写が起こらず，mRNA が合成されなかったためであると考えられる。

① 転写は，プロモーター領域に結合した RNA ポリメラーゼにより進行する。よって，Ps 遺伝子のプロモーター領域が欠損していた場合，Ps 遺伝子の転写は起こらず，S型酵素の合成も起こらず，酵素活性も検出されない。よって正しい。

② イントロン領域は，転写後のスプライシングにより除去されるため，この領域内に生じた塩基置換はタンパク質の活性には影響しない。また，イントロン領域に塩基置換が起こっても転写は起こる。よって不適当。

③ RNA ポリメラーゼが活性をもたない場合，すべての遺伝子の転写を行うことができないため，胚発生は途中で停止する。よって不適当。

④ 突然変異体2がS型酵素活性をもたない原因が，活性に必要な補酵素の不足のみであるならば，Ps 遺伝子の転写は起きていると考えられる。しかし，図2ではPs 遺伝子の mRNA が検出されていないので矛盾する。よって不適当。

問3 Pm 遺伝子とPs 遺伝子は，1つの染色体上に「極めて近接して存在」していることから，完全連鎖の関係にあると考えられる。活性をもつM型酵素を合成する遺伝子を M，合成できない遺伝子を m，活性をもつS型酵素を合成する遺伝子を S，合成できない遺伝子を s とし，選択肢を検討する。

① 突然変異体1の雌($mmSS$)と突然変異体2の雄($MMss$)を交配すると，F_1 個体はすべて $MmSs$，すなわち[M+，S+]となる。この交配では[M−，S−]の個体は出現しないため，仮説を検証することはできない。よって誤り。

② 突然変異体1の雄($mmSS$)と突然変異体2の雌($MMss$)を交配した場合も，①と同じく F_1 個体はすべて $MmSs$，すなわち[M+，S+]となり[M−，S−]の個体は出現しないため，仮説を検証することはできない。よって誤り。

③ 突然変異体2($MMss$)の個体はM型酵素の活性のみをもち，S型酵素の活性はもたない。この個体のM型酵素の生産を阻害すると，M型，S型酵素の活性をともにもたず，[M−，S−]の個体と同じ表現型を示すと考えられる。よって「[M−，S−]の個体は致死である」という仮説が正しければ，M型酵素の生産を阻害した突然変異体2の個体は致死となる可能性が高い。よって正しい。

④ 野生型に Pm 遺伝子を導入し，M型酵素の生産量が2倍になった個体(M型酵素の活性が2倍になった個体)が出現したことによって，「[M−，S−]の個体は致死である」，言い換えれば「M型，S型酵素の活性をともにもたない個体は致死である」という仮説は否定できない。よって誤り。

問4 a．蛍光の有無によりわかることは，GFP 遺伝子が発現しているかどうか，すなわち GFP をつないだそれぞれの cDNA が発現しているかどうかであり，エキソン2が残されているかどうかはわからない。よって誤り。

b．分子量の大きい mRNA に由来する cDNA を用いるとエキソン2の領域が増幅され，分子量の小さい mRNA に由来する cDNA を用いると増幅が起こらないことが確認できればよい。よって正しい。

c．エキソン2にのみ切断部位をもつ制限酵素でこれらの DNA を処理し，分子量の大きい mRNA に由来する cDNA は切断されるが分子量の小さい mRNA に由来する cDNA は切断されないことを確認すればよい。よって正しい。

8　第1章　細胞・分子・代謝

4　薬剤耐性菌の出現
　　問1　④　　問2　④　　問3　③

解説▶　問1　「抵抗性の突然変異が生じるには，抗生物質との接触が不可欠である」ならば，抗生物質と接触したことがない，薬剤非投与培地1中のすべてのコロニーは薬剤耐性をもたない。よって④が正しい。

問2　仮説2が正しいとすると，薬剤非投与培地1と薬剤非投与培地2のコロニーの中にも薬剤耐性をもつものが存在しうる。各コロニーが薬剤耐性をもつかどうかは，薬剤投与培地に円筒でコロニーを移し植えた結果，生き残るかどうかで判断できる。

①～③　薬剤非投与培地では，薬剤耐性をもつ大腸菌だけでなく，薬剤耐性をもたない大腸菌も生育できる。よって，薬剤非投与培地1と薬剤非投与培地2に形成されたコロニーの数から，薬剤耐性をもつコロニーの数や割合について判断できることはない。よって誤り。

④・⑤　薬剤非投与培地1と薬剤非投与培地2はほぼ同数のコロニーが形成されており，かつ円筒で薬剤投与培地に移し植えた後に生き残ったコロニーの数は薬剤投与培地2の方が多かった。このことから，薬剤非投与培地2の上に形成されたコロニーの方が，薬剤耐性をもつものの割合は高いと判断できる。よって④が正しく⑤は誤り。

問3　仮説1が正しいならば，薬剤非投与培地1および2に形成されたコロニーを構成するすべての大腸菌は薬剤耐性をもたない。薬剤投与培地1および2で生き残ったコロニーは，それぞれ円筒で移し植えた後に突然変異が起きたものということになる。突然変異が起こる確率に大きな違いがなければ，生き残るコロニーの割合には大きな違いはないはずである。しかし，実際には，生き残ったコロニーの割合は薬剤投与培地2の方が高かった[※1]。よって仮説1はこの実験結果からは支持されない。

←※1　移し植えたコロニーの数はほぼ同数であるが，生き残ったコロニーの数は薬剤投与培地2の方が多かった。

　　仮説2が正しいとすると，コロニーAを構成する大腸菌の中には薬剤耐性をもつものが含まれており，これがコロニーBを形成したと考えられる。さらに，コロニーAを薬剤非投与培地に塗り広げたあと，増殖の過程で薬剤耐性をもつものが出現しうる。これらが，円筒で移し植えた後の薬剤投与培地2で生き残ったコロニーを形成したと考えられる。

9

5 細胞骨格とモータータンパク質
    問1 ③   問2 ①   問3 ②

解説 ▶ **問1** 「ミオシンを結合させた微小なプラスチックビーズ」がシャジクモ細胞内で移動するのと同じしくみで軸索内輸送が起きていることを確認するためには，「ミオシンを結合させた微小なプラスチックビーズ」を軸索内に注入し，軸索内でシナプス小胞と同様に輸送されることを確認すればよい。よって③が正しい。

問2 第2段落の観察からは，軸索内で動いているすべてのシナプス小胞が，太い繊維構造である微小管をレールにして運ばれていることが示されている。よって①が正しい。

② この内容を推測するためには，異なる物質が輸送されるようすを観察する必要があるが，この観察ではシナプス小胞の輸送しか観察していない。よって誤り。

③ この内容を推測するためには，シナプス小胞が輸送される際に微小管の長さが変化することを調べる必要があるが，この観察では調べていない。よって誤り。

④ この観察ではシナプス小胞の内容物を調べていない。よって誤り。

問3 第3段階では，次の2つの観察が行われている。
観察❶ 純粋な微小管＋軸索内液（シナプス小胞を含む）＋ATP
    ⟶ シナプス小胞は動かず。
観察❷ 純粋な微小管＋軸索内液（シナプス小胞を含まない）＋ATP
    ⟶ 微小管がスライドガラス上を這い回った。

観察❷で微小管がスライドガラス上を這い回ったことから，モータータンパク質は軸索内液に含まれていたことがわかる。また，モータータンパク質はスライドガラスに結合し，微小管をスライドガラスに沿って動かすように運動していたこともわかる。これらのことから，観察❶で小胞が動かなかったのは，モータータンパク質が小胞に結合していなかったためであると考えられる。よって②が正しい。

6 呼吸
    問1 ①，⑦   問2 ⑥，ⓑ

解説 ▶ **問1** 野生型の酵母は，好気条件では呼吸によりATPを合成するが，嫌気条件ではクエン酸回路と電子伝達系が進行しないため，アルコール発酵によりATPを合成する。よって，アルコール発酵に関連する酵素の遺伝子の機能を失わせた酵母は，嫌気条件に置かれるとアルコール発酵も呼吸も行えない。この酵母にピルビン酸を乳酸に変える乳酸脱水素酵素遺伝子を組み込むと，嫌気条件下では乳酸発酵を行うと考えられる。なお，ピルビン酸脱炭酸酵素(a)の遺伝子の機能を失わせた場合と，エタノール脱水素酵素(b)の遺伝子の機能を失わせた場合はいずれもアルコール発酵は行えなくなるが，より効率よく乳酸発酵を行わせるためには，ピル

10　第 1 章　細胞・分子・代謝

ビン酸が乳酸にのみ変化できるようにした方がよい。よってピルビン酸をアセトアルデヒドに変えるピルビン酸脱炭酸酵素(a)の遺伝子を破壊する。

問 2　グルコースを消費し尽くした48時間後の時点で好気条件に切り替えると，酸素の存在により電子伝達系とクエン酸回路が進行できるようになるため，ピルビン酸が消費され，減少する。その結果，ピルビン酸を生じる反応が進行するようになるが，グルコースは存在しないため解糖系は進行しない。また，遺伝子組み換えを行われたワイン酵母は機能する Y 遺伝子(ピルビン酸脱炭酸酵素(a)の遺伝子)を 1 つもつが，ピルビン酸脱炭酸酵素による反応は不可逆的なので，エタノールやアセトアルデヒドからはピルビン酸は生成されない。よって，乳酸脱水素酵素により乳酸からピルビン酸を生成する反応のみが進行し，乳酸濃度は時間とともに減少すると考えられる。

7　パスツール効果
問 1　④　　問 2　④　　問 3　②，④

解 説 ▶　問 1　酵母懸濁液を混ぜて静置した場合はグルコース消費速度が大きく（実験 1 ），エアーポンプで通気した場合はグルコース消費速度が小さくなった（実験 2 ）。通気した場合にグルコース消費速度が小さくなった理由として，仮説 X 「通気の衝撃により酵母の一部が死んだため」，仮説 Y 「通気によって混入した細菌が酵母の一部を殺したため」という 2 つの仮説を検証する。 3 つの実験（実験 3 ～ 5 ）を確認してみよう。

実験 3 ：多くの細菌の直径は数 μm 程度であるため， $1\mu m$ 以下のものしか通さないフィルターは細菌を通さないと考えられる。よってこの実験では，通気による衝撃はあるが，細菌の混入はない。このときのグルコース消費速度は小さかった。

実験 4 ：空気ではなく窒素ガスを通気したため，この実験では通気による衝撃はあるが，細菌の混入はない。このときのグルコース消費速度は大きかった。

実験 5 ：酵母懸濁液の入った試験管を激しく振ることで酵母菌に衝撃を与えた。また，通気は行っていないため細菌の混入はない。このときのグルコース消費速度は大きかった。

	実験 1	実験 2	実験 3	実験 4	実験 5
衝　撃	なし	あり	あり	あり	あり
細菌混入の可能性	なし	あり	なし	なし	なし
グルコース消費速度	大	小	小	大	大

実験1と実験4・5より，衝撃を与えてもグルコース消費速度は大きいままであることがわかる。ここから，「衝撃により酵母が死んだためグルコース消費速度が低下した」という仮説Xは否定される。

また，実験2と実験3の違いは細菌混入の可能性の有無であるが，グルコース消費速度には違いがない。ここから，「混入した細菌が酵母の一部を殺した」という仮説Yも否定される。

では，なぜ通気によってグルコース消費速度が低下したのであろうか？ 実験1では酵母懸濁液を静置しておいたため，懸濁液中は嫌気条件となっており，酵母はアルコール発酵のみを行っている。実験2では通気したため好気条件となっており，酵母はアルコール発酵だけでなく呼吸も行うことができる。このとき，呼吸により生産された多量のATPは解糖系で働く酵素に対して阻害的に作用する※1ため，グルコースの消費速度が低下したのである。

←※1 この結果，アルコール発酵は好気条件下では抑制を受けることになる。この現象は，発見者の名をとってパスツール効果と呼ばれる。

問2 グルコースからピルビン酸を生成する解糖系，およびピルビン酸を二酸化炭素とエタノールにまで分解するアルコール発酵は細胞質基質で進行する。細胞分画法を行うと，液体成分である細胞質基質成分は最後まで沈殿せず，上澄み(d)中に含まれる。なお，ミトコンドリアで進行するクエン酸回路でも二酸化炭素は発生するが，クエン酸回路で利用される基質はピルビン酸なので，グルコース水溶液と(b)を混ぜても気体は発生しない。

問3 実験2では通気した空気中の酸素により呼吸が進行し，結果的にグルコースの消費速度が低下した。しかし，問2で用いた分画にはミトコンドリアは含まれないため通気しても呼吸は進行せず，グルコースの消費速度は変化しない。

8 光合成
問1 (1) ② (2) ① 問2 ①，④

解説 ▶ 問1 リード文に示された内容を図にすると右図のようになる。

化合物Aと化合物Bの^{14}Cの量が変化しなくなったのは，それぞれの化合物における^{14}Cの流入量と流出量が等しいためである。このとき，

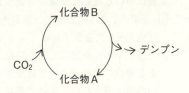

　　固定されたCO_2中の^{14}C量＋化合物Aへの^{14}C流入量
　　＝化合物Bへの^{14}C流入量
　　＝化合物Bからの^{14}C流出量
　　＝デンプンへ変換された^{14}C量＋化合物Aへの^{14}C流入量

12　第1章　細胞・分子・代謝

という関係が成り立っている。

(1)　時間経過にともない，合成されたデンプン量は増加するので，デンプンに取り込まれる ^{14}C 量も増加する。

(2)　化合物Bから流出した ^{14}C の一部はデンプンへ取り込まれ，残りが化合物Aへ流入する。よって①が正しい。

問2　高濃度 CO_2 から低濃度 CO_2 へ変化させると，CO_2 が不足するため「化合物A ＋ CO_2 ⟶ 化合物B」（反応1とする）の反応速度が低下する。図1において，低濃度 CO_2 へ変化させた後に化合物Bの量が減少していることから，「化合物B ⟶ デンプン＋化合物A」（反応2とする）の反応速度は反応1のものほど低下していないと考えられる。つまり，化合物A ⟶ 化合物Bの反応は CO_2 不足であまり進まないのに，化合物B ⟶ 化合物Aの反応は進むため，化合物Bは減少し，化合物Aは増加すると考えられる。

9　アクアポリン

　　問1　②，④　　**問2**　④　　**問3**　②，④
　　問4　(1)　⑥　　(2)　⑤

解説▶　問1　「タンパク質Aが水チャネルを形成する」という仮説を検証するためには，

❶ タンパク質Aと水チャネルが存在しないか少量である[※1]細胞（④は適当）

と，

❷ タンパク質Aをもつこと以外は❶と同じ細胞

とで，水の移動の違いを比較する必要がある。

　　また，❷の細胞を作成するために，実験ではタンパク質AのmRNAを含む水を注入し，細胞内でタンパク質Aを合成させている。よって，実験に用いる細胞は液体の注入が容易である必要がある（②は適当）。

← [※1]　水チャネルが多量に存在すると，導入したmRNAをもとに合成されたタンパク質の水チャネルへの関与の割合が相対的に小さくなり，仮説の検証が困難となる。

① mRNAを注入できれば細胞内でタンパク質Aを合成させることができるので，核内DNAに遺伝子組換えをする必要はないため，誤り。

③ 水チャネルを通って水の移動が起きたか否かは吸水による細胞の膨張や脱水による細胞の収縮によって確認するため，強固な細胞骨格により形態が変化しにくい細胞は適さない。よって誤り。

⑤ 水チャネルとして働くタンパク質以外の膜タンパク質であれば，その存在は「タンパク質Aが水チャネルを形成する」という仮説の検証には影響しない。よって誤り。

問2　実験では，卵母細胞を等張液（0.2osmol/L）から低張液（0.07osmol/L）へと移している。細胞膜上に水チャネルが存在していれば，浸透圧差にともなって細胞内

へと水が流入し，細胞体積が増加する。しかし，体積は「図1のグラフに示すように軽微な変化を示すにとどまった」とある。よって，この卵母細胞の細胞膜上には水チャネルが存在しないか，ごく少量しかないといえる。

問3 実験では，アフリカツメガエルの「卵母細胞」を用い，「タンパク質Aの mRNA5ng を含む水 50nL」を注入するという処理を行った。この処理による効果を判断するためには，実験条件のうち1つの要因だけを変化させた対照実験を行う必要がある。②，④はいずれも「卵母細胞」を用いており，注入したもののみが実験と異なっている。

> **POINT** 実験結果を比較する時は，いろいろな要因を含む実験条件のうち，1つの要因だけが異なる組合せで比較する。

---

① 「mRNA を含まない水」を「小腸上皮細胞」に注入しており，要因を2つ変化させている。よって不適。

③ 「タンパク質Bの mRNA5ng を含む水 50nL」を「小腸上皮細胞」に注入しており，要因を2つ変化させている。よって不適。

問4 (1) 水チャネルとして働くタンパク質Aの mRNA を注入した場合には，問2の解説で述べたように水の流入が起き，細胞体積が増加する。

(2) 対照実験(問3の②と④)の細胞ではいずれも細胞内でタンパク質Aは合成されない。よって，仮説が正しい場合にはこれらの細胞を低張液に入れても水の流入は起こらず，図1と同じ結果になると考えられる。

---

10 細胞分化に働く因子
問1 ⑤ 問2 ②
問3 (1) ⑤ (2) ②，⑦

解説▶ 問1 「2つの因子が同一の細胞内に共存すると分化が誘導される」という推察は，1種類の因子しか存在しない細胞は分化率が低く，2種類の因子が存在する細胞の分化率が高いという結果から導かれる。1種類の分化誘導剤のみで処理し，1種類の因子しか存在しない実験区 1-2 と 1-3 では分化率は 2.0% と 3.0% と低い。2種類の分化誘導剤で処理し，2種類の因子が存在すると考えられる実験区 1-4 では分化率は 31.0% と高い。また，異なる種類の分化誘導剤で処理し，異なる種類の因子を含むと考えられる細胞を融合した実験区 2-1 も分化率は 28.5% と高い。

14 第1章 細胞・分子・代謝

実験区	分化誘導剤B	分化誘導剤C	分化率(%)	細胞内に存在す
1-1	処理しない	処理しない	0.5	ると考えられる
1-2	処理した	処理しない	低 2.0	← 1種類
1-3	処理しない	処理した	3.0	← 1種類
1-4	処理した	処理した	高 31.0	← 2種類

分化誘導因子（右側注記）

実験区	融合させる細胞の組合せ	分化率(%)	
2-1	分化誘導剤Bで処理した細胞 と 分化誘導剤Cで処理した細胞	高 28.5	← 2種類
2-2	処理しない細胞 と 処理しない細胞	3.0	

問2 実験区1-1より，誘導剤処理をしていない細胞の分化率は0.5%であるが，実験区2-2より，誘導剤処理をしていない細胞を融合させた場合の分化率は3.0%である。これらの結果から，実験区2-1において分化率が高いのは「2つの因子が同一の細胞内に共存すると分化が誘導される」ためではなく，「細胞融合という処理による」ためであるという可能性が考えられる。よって，細胞融合処理は分化率に影響を与えないことを示すために，「誘導剤Bで処理した細胞＋処理しない細胞」，および「誘導剤Cで処理した細胞＋処理しない細胞」という2種類の細胞融合実験を行い，分化率が大きく変化しないことを確認する必要がある。

問3 誘導剤Cにより細胞内に生成される因子Xを，誘導剤Bで処理した細胞内へ注入すると，分化率が高まると考えられる。実験区3-1～3-7は，因子Xを含む細胞抽出液にさまざまな処理を施してから誘導剤Bで処理した細胞内へ注入している。よって，注入後の分化率が低い実験区では，処理により因子Xが失われた，もしくは活性が低下していると考えられる。

実験区3-3で用いたトリプシンはタンパク質を分解する酵素，3-6で用いたアミラーゼは炭水化物であるデンプンを分解する酵素である。温度と反応時間が37℃，15分である実験区3-2～3-6を見ると，タンパク質分解酵素で処理した実験区3-3のみ分化率が著しく低い。よって，因子Xはタンパク質である可能性が高い。

実験区	添加する物質	温度と反応時間	分化率(%)	
3-2	なし	37℃　15分間	8.9	タンパク質を除去すると分化率は著しく低下する。
3-3	トリプシン（タンパク質分解酵素）	37℃　15分間	0.5	
3-4	DNA分解酵素	37℃　15分間	8.8	タンパク質以外の物質を除去しても，分化率はほとんど変化しない。
3-5	RNA分解酵素	37℃　15分間	8.7	
3-6	アミラーゼ（デンプン分解酵素）	37℃　15分間	9.0	

また，タンパク質は高温処理により熱変性し，一般にその活性が低下する。処理温度が37℃である実験区3-2よりも処理温度が65℃である実験区3-7の活性が低いことも，因子Xがタンパク質である根拠となる。

実験区	添加する物質	温度と反応時間	分化率（%）
3-2	なし	37℃　15分間	8.9
3-7	なし	65℃　15分間	0.6

タンパク質が熱変性する高温処理をすると，分化率は著しく低下する。

11　ヘモグロビンと鎌状赤血球貧血症

(1) ② 　(2) ② 　(3) ② 　(4) ①
(5) ② 　(6) ① 　(7) ① 　(8) ②

解説 ▶ このアイデアを検証するためにマウスを用いて行う必要がある実験は，「鎌状赤血球を発症した成体マウスにおいて，α ヘモグロビンと γ ヘモグロビン2分子ずつが結合した複合体が，野生型マウスにおける $\alpha2\beta2$ 複合体と同様に機能することを確認する」ものである。よって(4)は必要。

(1)　マウスにおいて機能を調べたいのは $\alpha2\gamma2$ 複合体であり，ヒト β ヘモグロビンがマウス体内で発現する必要はない。よって不要。

(2)　マウスにおいて機能を調べたいのは $\alpha2\gamma2$ 複合体であるため，マウス γ ヘモグロビン遺伝子は発現する必要がある。よって不要。

(3)　マウス胎児ではマウス α ヘモグロビンと γ ヘモグロビンが複合体をつくり，ヒト胎児ではヒト α ヘモグロビンと γ ヘモグロビンが複合体をつくり，それぞれ酸素運搬に働く。つまりマウスにおいてヒト γ ヘモグロビンが機能するかどうかを調べる必要はない。

(5)・(6)　鎌状赤血球を発症した成体マウスにおける $\alpha2\gamma2$ 複合体の機能を調べるため，α ヘモグロビン遺伝子と γ ヘモグロビン遺伝子を発現させたいが，β ヘモグロビン遺伝子は発現させる必要はない。よって(5)は不要，(6)は必要。

(7)　本来，γ ヘモグロビン遺伝子は胎児期にしか発現しない。よって，この遺伝子を成体でも発現させるためには調節遺伝子に操作を施す必要がある。赤血球において α ヘモグロビンと γ ヘモグロビンを同時に存在させるためには，胎児期から成体期のいずれの時期にも発現している α ヘモグロビン遺伝子の調節遺伝子により γ ヘモグロビン遺伝子の発現を制御すればよい。よって必要。

(8)　正常なヒトおよびマウスにおいては，α ヘモグロビンのアミノ酸配列の違いの有無によらず，いずれも機能しており，マウスとヒトのアミノ酸配列を比較する必要はない。よって不要。

16　第2章　生殖と発生

第2章 | 生殖と発生

12 細胞周期
問1 ②　問2 ①　問3 ア-① イ-④ ウ-⑥　問4 ④

解説 ▶ **問1**　アデニンとチミンは2本の水素結合で，シトシンとグアニンは3本の水素結合で，それぞれ相補的に結合する。

問2　実験1の結果（図1）で，**G₁期とG₁期の融合細胞（対照群）**が，G₁期の細胞とほぼ同じであるのに対して，**G₁期とS期の融合細胞（処理群）**では，DNA複製が融合後すぐに始まることから，S期の細胞にはG₁期を短くする作用があると判断できる。

> **POINT**　実験結果を比較する時は，いろいろな要因を含む実験条件のうち，**1つの要因だけが異なる組合せ**で比較する。
> 　G₁期の細胞と，G₁期とS期の融合細胞を比べようとしても，細胞融合という操作の有無が異なっていては比較できないので，G₁期とG₁期の融合細胞とG₁期とS期の融合細胞を比較する。

問3　実験3の結果（図3）で，**G₁期とG₁期の融合細胞（対照群）**と，**G₁期とG₂期の融合細胞（処理群）**で，DNA複製が始まるタイミングに違いがないことから，促進作用はS期の細胞だけがもつことが推論できる。実験2では，**3個の細胞を融合するという点は共通**で，G₁期1個とS期2個の融合と，G₁期2個とS期1個の融合という条件の違いがある。このとき，下表のような違いが対比できる。

融合の条件	G₁期の核	S期の細胞質	複製開始	融合2時間後のDNA複製
G₁期3個	3個	なし	7時間後	0
G₁期2個とS期1個	2個	1個分	融合直後	40%
G₁期1個とS期2個	1個	2個分	融合直後	70%

　この結果のうち，複製開始までの時間には，S期の細胞の個数の違いが影響していないが，融合2時間後のDNA複製の度合いには，S期の細胞の個数の違いが影響している。これは，**促進作用が細胞内の物質によって担われており，その量が多いと，よりDNA合成が強く促進される**と考えることで，合理的に説明できる。

問4 問3で推論した「ある作用」の特徴を前提に考えると，S期の細胞とG_2期の細胞を融合する実験4において，G_2期の細胞（促進物質をもたない）に，S期の細胞がもつ促進物質が作用する可能性がある。しかし，実験4において，G_2期の細胞由来の核ではDNA合成が起こらないのだから，G_2期の細胞には，**促進物質が作用しないしくみが存在する**ことが推論できる。実験3で，G_1期の細胞とG_2期の細胞を融合しても，G_1期の細胞由来の核のDNA合成の開始は遅くならないことから，**G_2期の細胞の細胞質に抑制物質が存在する可能性は低い**と考えられるので，促進物質の作用を受けないしくみはG_2期の核（あるいは核DNA）に存在すると考えるのが妥当だろう。それが，選択肢①〜④の「禁止」ということである。仮に，①のようにG_2期に禁止が解除されるなら実験4を説明できない。また，②・③のようにM期に解除される可能性は，実験においてM期の細胞を調べていない以上，判断できない。実験1〜4から仮説を考える限り，④の，S期が終りDNAが倍加した状態（＝G_2期）になると，新たなDNA複製が禁止され，G_1期（DNA量が元に戻った状態）になると禁止が解除されるしくみがあれば，実験1〜4の<u>全体を説明できる</u>ことになる。「重要な決まり」を短く表現すれば「DNA量が倍加した状態では複製が禁止されている」になる。

---

13 細胞質分裂

問1 ④
問2 仮説A：② 根拠－⑤ 仮説B：② 根拠－③
　 仮説C：① 根拠－④
問3 ア－④ イ－⑤ ウ－⑧

解説▶ 問1 設問文にあるように，チェックポイントは「ある条件を満たさないと通過できない」ので，それが正常に働かない場合，**条件を満たしても通過できない可能性**と，**条件を満たさないのに通過してしまう可能性**がある。下線部(a)では「すべての染色体が紡錘体極から伸びる動原体微小管に両側性に結合してはじめて姉妹染色体が分離」するとあるので，染色体が全く分離しない可能性と，一部の染色体に紡錘糸が結合していないのに分離が始まる可能性が考えられる。したがって，染色体数の異常が生じることが予想できる（①・②は当てはまらない）。また，この条件では③は起こらない。$2n＝6$の細胞を例に考えると，DNAの複製前は，核内に6分子の二本鎖DNAがあり，複製によって12分子の二本鎖DNAができる。しかし，「2つの娘細胞がいずれも，倍数体の細胞」となるには，24分子の二本鎖DNAが必要なので，どのように分配しても起こりえないのである。

問2 仮説Aが正しいとすると，1回目は次ページの図a，2回目は図bのようになることが予想される。**実際の結果と比べると，2回目の卵割で3カ所目の分裂溝が形成されている点が一致しない**（⑤）ので，**仮説は否定される**（②）。

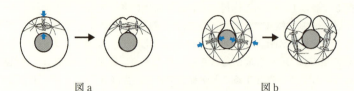

図a　　　　　　　　　　　　　図b

　仮説Bが正しいとすると，1回目は例えば右図c のようになる可能性がある。**実際の結果と比べると，1回目の卵割でガラス球をはさんで，紡錘体の反対に分裂溝が形成されていない点が一致しない**（③）ので，**仮説は否定される**（②）。

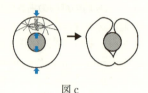

図c

　仮説Cが正しいとすると，1回目，2回目とも図2と同じようになることが予想される（実際の結果と予想が一致する）。特に，2回目は，下図dのように説明できるので，仮説は肯定される（①）。

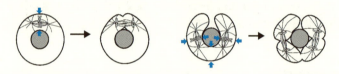

図d

問3　言葉だけではイメージしにくい設問なので，右のような図を描いて考えるとよい。たとえば，上に1μmずらすと，上下の細胞表面までの距離の差はその2倍の2μmになる。信号の伝わる速度が方向や紡錘体の位置によらず等しいならば，紡錘体の位置をずらしたときに，近い方の細胞表面に先に到達し，遠い方の細胞表面に遅く到達することになる。そして，図3に示された式 $y=0.32x$ より，紡錘体を細胞の中心線から1μmずら

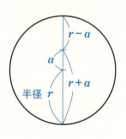

したときに信号の到達時刻に0.32分の差が生じることがわかる。このとき，紡錘体から上下の細胞表面までの距離差は2μmなので，信号の伝わる速度は，

$$\frac{2(\mu m)}{0.32(分)} = 6.25 (\mu m/分)$$

となる。

14 受精

問1 ③　問2 ①　問3 ①

解説 ▶ **問1** 下図のように，精子濃度が低い範囲では，生理的塩類溶液を2倍希釈したbの水溶液での受精率が最も高いので，③が正答となる。これは，懸濁した溶液の濃度によって受精率が異なるということなので，浸透圧は受精率に影響を与えたと考えるのが妥当である（①は不適切）。②は，淡水の塩分濃度が体液の濃度よりもかなり低いという知識を使って判断することになる。

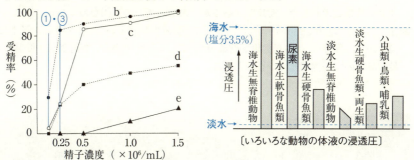

問2 実験2の内容を正確に理解することが第一歩となる。たとえば，次のように整理するとはっきりするだろう（eの20倍希釈は省略）。

図2（右図）の60分のところを見ると，生理的塩類溶液中では60分後でも受精率は高いが，2倍希釈では40%，5倍希釈では0%と低い。したがって，①は適当，②・③は不適当と判断できる。④は，右図の印をつけた部分を勘違いしている場合に選びたくなる選択肢かもしれない。グラフは，5倍希釈溶液で保存した実験

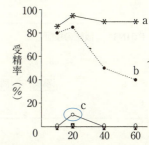

で，10分後には受精率0％，20分後には10％，40分後には0％という結果が得られたことを示すが，このような結果が得られた理由を説明するのは難しい。確かに，5倍希釈溶液で保存して2倍希釈溶液で実験を行うので「浸透圧を高くする」操作になってはいる。しかし，保存10分や保存40分では回復していないので，実験のミスや偶然の結果かもしれない。もし，同じ実験を何度も繰り返し，そのたびに，5倍希釈溶液で保存した場合20分後にだけ受精率が回復するという結果が得られれば，何か隠れたメカニズムを示している（つまり意味のある結果）となるだろうが，たった一例では，その意味を考えることは難しいのである。したがって，選択肢④は実験結果と矛盾しない記述ではあるが，最も適当なのは①なのである。

問3　図1から，b（2倍希釈溶液）に移して，受精すればよいことがわかる。そして，図2から，保存はa（生理的塩類溶液）が望ましく，その場合，保存20分の受精率が最も高いので，選択肢①が正答となる。

15　種間雑種と減数分裂
問1　④　　問2　②
問3　(1) ①　(2) ②　(3) ②　(4) ①　(5) ②　(6) ②
問4　③　　問5　③

解説 ▶ 問1，2　リード文に「ニホンメダカもジャワメダカも，染色体の数はいずれも雌雄ともに48本」とあるので，ジャワメダカの精子は24本，ニホンメダカの卵も24本と考えられるので，雑種の受精卵では48本，雑種胚では48本から減っていったと考えられる。減り方についてもリード文に述べられており，「ニホンメダカの染色体を赤色に，ジャワメダカの染色体を黄色」に染め分ける実験から，分裂後期になっても，「黄色の染色体」つまりジャワメダカの染色体は移動せず，取り残される。そして「取り残された染色体は，失われる」ため，雑種胚では，ニホンメダカ由来の24本だけが核に含まれると判断すればよい。

問3　この設問では，「雑種胚の染色体数の異常を説明する仮説として成立する」かどうかの判断が求められ，次の問4で，その仮説を検証する実験を考えることが求められている。

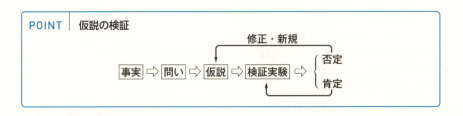

さて，ここでの事実は，オスのジャワメダカとメスのニホンメダカの雑種胚でジャワメダカ由来の染色体が脱落したということなので，**(1)オス由来の染色体が脱落するという仮説**でも，**(4)ジャワメダカ由来の染色体が脱落するという仮説**でも，**結果を説明できる**。なお，(5)黄色色素の影響で脱落するという仮説は，色素で染色していない実験でも本数が減っているので，事実を説明する仮説とはならないことに注意しよう。染色体を染める実験は細胞を固定して行われており，染色体が取り残される原因とはならない。この実験は，「取り残される染色体を調べるために」，言い換えれば，仮説を作るために行われた実験なのである。

問 4　仮説を検証する実験を構成する場合，仮説が肯定されるか，否定されるか，明確に差が出るような実験が求められるが，その際，比べる要因は 1 つにする（他の要因はそろえる）ことに注意しなければならない。また，できるだけ容易に行える実験であることが望ましい。さて，仮説(1)が正しいならば，交配の雌雄を逆にして，メスのジャワメダカとオスのニホンメダカの雑種胚で調べると，ニホンメダカ由来の染色体が脱落するはずである。また，仮説(4)が正しいならば，交配の雌雄を逆にして，メスのジャワメダカとオスのニホンメダカの雑種胚で調べても，ジャワメダカ由来の染色体が脱落するはずである。つまり，③の実験を行って得られる結果によって，(1)肯定・(4)否定となるか，(1)否定・(4)肯定となるか，どちらかに決着がつくことになる。

POINT　｜　**仮説を検証するには……**

仮説が正しいと仮定して，結果を予想し，予想と実際の結果を比較する

　　⟶　予想と実際が一致すれば，仮説は肯定される

　　⟶　予想と実際が一致しなければ，仮説は否定される

問 5　ニホンメダカ($2n=48$)とハイナンメダカ($2n=48$)との雑種は，成体にはなるとあるので，その染色体数は48本だと推論できる。そして，子孫ができない原因は生殖細胞形成つまり減数分裂の異常と述べられている。この設問では，「雑種の母細胞において減数分裂が正常に起きたと仮定する」ので，どの染色体が対合するかを考えることになる。ニホンメダカ由来の24本の中に互いに対合するものはなく，ハイナンメダカ由来の24本の中に互いに対合するものはないはずなので，対合する可能性があるのは，ニホンメダカ由来の染色体（赤色に染めた）とハイナンメダカ由来の染色体（黄色に染めた）である。したがって，赤色の染色体と黄色の染色体からなる二価染色体が24本赤道面に並ぶことになる（③が適当）。

22　第2章　生殖と発生

16　予定運命

問1　① 　問2　右図
問3　ア-② 　イ-③
　　　ウ-⑤ 　エ-① 　オ-⑧
問4　カ-④ 　キ-⑤
　　　ク-⑧ 　ケ-ⓐ
問5　②, ③

	脳	眼胞	脊索	腸管
A1	①	①	②	②
B1	②	②	①	②
C1	②	②	①	①

解説▶　**問1**　動物の発生過程において，細胞は増殖し移動し分化するので，標識（目印）をつけないと追跡することができない。実験1で，A1に緑，B1に赤，そしてC1に青の蛍光を発する蛍光デキストランを注入しているのは，**追跡のための目印**としてなのである。つまり，図3において緑色の領域（図から背側の外胚葉域と判断できる）がA1割球に由来することになる。そして，初期原腸胚の時点では，外胚葉には分化しているが，誘導作用を受けていない。この領域を蛍光デキストランを注入していない初期原腸胚の腹側の胞胚腔の壁を形成する領域に移植すると，尾芽胚まで発生を進めてもA1由来の外胚葉は誘導作用を受けないので，表皮に分化することが予想できる。

問2　実験1と同様に蛍光デキストランを各割球に注入し尾芽胚期まで発生を進めた場合が問われているので，図3右図をもとに正常発生の場合を答えることになる。

　　外胚葉由来の脳，眼胞は，図3右で背側外胚葉が緑色であることからA1を含むと考えられ，脊索は中胚葉由来だが，図3右図で原腸壁の背側に赤色と青色があることから，B1とC1を含むことが予想できる。腸管は内胚葉由来であり，原腸の腹側には青色の部分があることからC1由来の細胞を含むと考えられる。

> **POINT**　問1・問2では，動物の発生のメカニズムに関する知識を用いて，結果を予想する力が問われている。

問3　この設問では，C1割球を32細胞期に解離して単独で培養する実験の結果を，実験1の結果（正常発生）から予想する際のロジックを答えることが求められている。図3右で，青色の部分は中胚葉と内胚葉の部分にみられるので，C1に由来する細胞は中胚葉と内胚葉に分化できている。これが出発点の事実である。ではなぜ，C1割球を解離して単独で培養した際にできる細胞塊から**中胚葉と内胚葉が分化する**ではなく，**外胚葉，中胚葉，内胚葉のすべての胚葉が分化する**という予想なのか？そのロジックの中心は，中胚葉誘導（教科書に述べられている）のしくみである。つまり，中胚葉が予定内胚葉からの誘導作用を受けて予定外胚葉から分化する中胚葉誘導のしくみを前提にすれば，C1に由来する細胞が誘導作用を受けた（言い換えればC1由来の細胞が予定外胚葉と同じ性質をもつ）可能性がある。こう考えたた

めに，**外胚葉，中胚葉，内胚葉のすべての胚葉が分化する**という予想を立てたのである。

問4 問3の予想を確かめるために行われた2つの実験の結果が異なっていることが，考察の出発点である。述べられている事実は，**32細胞期で解離し単独で培養すると中胚葉が形成される頻度が著しく低い**が，**その後2回の卵割を経た後に切り出して培養するとその頻度が上昇する**ことなので，ここから，32細胞期以降の2回の卵割が行われる間に中胚葉誘導が起こることが推定できる。中胚葉誘導では，予定内胚葉の誘導作用を受けて予定外胚葉から中胚葉が分化するので，C1由来の細胞に対して作用する細胞群としてはD1由来の細胞群と想定するのが最も適当である。

POINT | 仮説をつくり，修正する際の考え方をまとめよう

実験1の結果と中胚葉誘導のしくみをもとにすると，
↓
最初の仮説：C1割球に由来する細胞は，すべての胚葉に分化する能力をもつ
↓
　C1割球に由来する細胞は，外胚葉，内胚葉だけでなく，中胚葉誘導によって中胚葉も生じる可能性が推論できる
↓
予想：32細胞期に解離して単独で培養した際に，C1割球が卵割を繰り返すことで生じる細胞塊からは，外胚葉，中胚葉，内胚葉のすべての胚葉が分化する（はず）
↓
　実際に実験してみると，中胚葉が生じる頻度が低い
↓
　さらに2回の卵割を経た後は，中胚葉が生じる頻度が高い
↓
修正した仮説：C1割球に由来する細胞は，外胚葉，内胚葉に分化する。外胚葉は，中胚葉誘導の誘導作用を受ける能力をもつ

問5 ① 図3からC1由来の細胞は，原口背唇部そして背側の原腸壁（予定脊索域）となることがわかるので，32細胞期の胚のC4割球を除き，青色蛍光デキストランを注入したC1割球を移植した際に，C1由来の細胞が形成体として働き二次胚が形成されたと推定することができる（①は適切）。

② 問4の実験結果より，32細胞期のC1割球自体はまだ中胚葉に決定してはいないので，「32細胞期よりも前」とある②は不適切と判断できる。

③・⑤ 正常発生では，4列側には原腸陥入が起きず神経管も生じない（二次胚ができない）にも関わらず，C1割球を移植すると二次胚が形成されることから，D4由来の細胞にはオーガナイザーを分化させる能力がある一方，C4由来の細

24 第2章　生殖と発生

胞にはオーガナイザーに分化する能力がなく，C1由来の細胞にはオーガナイザーに分化する能力があると推定することは可能である（⑤は適切）が，「C1〜C4割球すべて」とはいえない（③は不適切）。

④　二次胚が生じた事実からD1がなくてもC1由来の細胞がオーガナイザーとして働くと考えられるので，適切と判断できる。

⑥　この実験では，C1割球に青色蛍光デキストランを注入しているので，二次胚ができる側の原口背唇部（形成体域）にはC1由来の細胞がもつ青色の蛍光が観察できるはずである（⑥は適切）。

---

17 神経堤・移動／誘導

問1　①，③

問2　右図

	仮説1	仮説2	仮説3
実験1	①	②	②
実験2	②	①	②
実験3	①	①	②

解説 ▶ **問1**　交感神経細胞と副交感神経細胞のどちらに分化したかを調べるには，どちらの特徴をもつかを調べればよい。

①・②　交感神経はノルアドレナリンを，副交感神経はアセチルコリンを，それぞれ神経伝達物質として利用しているので，どちらを合成しているかを調べるのは有効な方法であり，ノルアドレナリンを合成していれば交感神経細胞と判断できる（①は適切・②は不適切）。

③・④・⑤　合成される産物そのものではなく，**合成に働く酵素を調べるのも有効な方法であるが，この場合，特異的に働くものでないと判断の手がかりにならない**。たとえば，神経伝達物質の合成に幅広く働く酵素は，交感神経でも副交感神経でも発現している（mRNAが存在する）可能性があり，目印にならない（③は適切，④・⑤は不適切）。

問2　リード文では，神経堤が，頭部神経堤，胸部神経堤，胴部神経堤，尾部神経堤の4区域に分けられると述べられているが，考察の対象となるのは，胴部神経堤と尾部神経堤である。さて，3つの仮説はそれぞれ，胴部神経堤と尾部神経堤の細胞分化を説明する異なるストーリーを述べているが，文章では考えにくいので，状況を図あるいは表にして整理するとよい。

① 仮説1について

　仮説1を整理すると，次ページの表のようになる。

	胴部神経堤		尾部神経堤	
移動前	色素細胞 に決定済	交感神経細胞 に決定済	色素細胞 に決定済	副交感神経細胞 に決定済
移　動	色素細胞 ができる部位	交感神経 ができる部位	色素細胞 ができる部位	副交感神経 ができる部位
移動後	色素細胞 に分化	交感神経細胞 に分化	色素細胞 に分化	副交感神経細胞 に分化

　仮説1が正しいとした場合，実験1で，尾部神経堤組織由来のGFP陽性細胞（将来交感神経になる細胞を含まず，副交感神経になる細胞を含む）が**交感神経細胞に分化すること**と**副交感神経細胞に分化しないこと**が説明できない（予想≠実際）。また，胴部神経堤組織由来のGFP陽性細胞（将来交感神経になる細胞を含み，副交感神経になる細胞を含まない）が**交感神経細胞に分化しないこと**と**副交感神経細胞に分化すること**が説明できない（予想≠実際）。したがって仮説1は否定される。

　実験2では，胴部神経堤組織由来のGFP陽性細胞を1個だけ，正常胚の胴部神経堤に移植するので，それが色素細胞に決定している細胞なら色素細胞に分化し，交感神経細胞に決定している細胞なら交感神経細胞に分化すると，結果を説明できるので，仮説1は肯定される。

　実験3では，尾部神経堤組織由来のGFP陽性細胞を1個（色素細胞に決定しているか，副交感神経に決定している）だけ，正常胚の胴部神経堤に移植するので，**交感神経細胞に分化すること**と，**副交感神経細胞に分化しないこと**が説明できない（予想≠実際）。したがって仮説1は否定される。

② 仮説2について

　仮説2を整理すると，次の2つの表（胴部神経堤・尾部神経堤）のようにまとめられる。

●胴部神経堤

移動前 移動先	色素細胞 に決定済	交感神経細胞 に決定済	副交感神経細胞 に決定済
色素細胞 ができる部位	色素細胞 に分化	死滅	死滅
交感神経 ができる部位	死滅	交感神経細胞 に分化	死滅

26 第2章 生殖と発生

●尾部神経堤

移動先＼移動前	色素細胞に決定済	交感神経細胞に決定済	副交感神経細胞に決定済
色素細胞ができる部位	色素細胞に分化	死滅	死滅
副交感神経ができる部位	死滅	死滅	副交感神経細胞に分化

　仮説2が正しいとした場合，実験1で，**胴部**神経堤に位置する細胞は，移植された細胞(GFP 陽性細胞)も含め，色素細胞ができる部位および交感神経ができる部位に移動し，**尾部**神経堤に位置する細胞は，移植された細胞(GFP 陽性細胞)も含め，色素細胞ができる部位および副交感神経ができる部位に移動すると考えれば，**結果を説明できる**(仮説2は肯定される)。

　実験2・3では，GFP 胚の**胴部**(実験2)または**尾部**(実験3)の神経堤組織から単離した細胞(色素細胞・交感神経細胞・副交感神経細胞のいずれかに決定済)を胴部神経堤に移植するので，GFP 陽性細胞のうち，副交感神経細胞に決定済の細胞は死滅するはずであり，20回実験を行うと，1／3(およそ7回)は，**GFP 陽性細胞が検出されないことが予想できる**が，実際には**検出されない回がなかった**(予想≠実際)ので，仮説2は否定される。

③ 仮説3について

　仮説3を整理すると，次表のようにまとめられる。

	胴部神経堤		尾部神経堤	
移動前	色素細胞 交感神経細胞 副交感神経細胞 になれる	色素細胞 交感神経細胞 副交感神経細胞 になれる	色素細胞 交感神経細胞 副交感神経細胞 になれる	色素細胞 交感神経細胞 副交感神経細胞 になれる
移　動	色素細胞ができる部位	交感神経ができる部位	色素細胞ができる部位	副交感神経ができる部位
移動後	色素細胞	交感神経細胞	色素細胞	副交感神経細胞

　仮説3が正しいとした場合，**胴部**神経堤に位置する細胞は，移植された細胞(GFP 陽性細胞)も含め，色素細胞ができる部位および交感神経ができる部位に移動し，**尾部**神経堤に位置する細胞は，移植された細胞(GFP 陽性細胞)も含め，色素細胞ができる部位および副交感神経ができる部位に移動すると考えれば，**実験1の結果を説明できる**(仮説3は肯定される)。

　実験2・3についても，GFP 胚の**胴部**(実験2)または**尾部**(実験3)の神経堤組

織から単離した細胞(色素細胞・交感神経細胞・副交感神経細胞になれる)を胴部神経堤に移植するので，**GFP陽性細胞が死滅することはなく**（**検出されない回がなかったことを説明できる**），色素細胞か交感神経細胞になるはずであり，結果を説明できるので，仮説3は肯定されることになる。

18　ショウジョウバエの発生

問1　a－② 　b－⑤ 　c－② 　d－②
問2　Bを発現させた場合－⑦ 　　Cを発現させた場合－④
問3　ア－② 　イ－① 　ウ，エ－⑧，⑨(順不同) 　オ－⑤ 　カ－ⓐ
　　　キ－① 　ク－③ 　ケ－⓪

解説▶ 　**問1** 　図1～3の全体を見ると，ビコイドがハンチバックの発現(転写・翻訳)を促進し，ナノスがハンチバックの発現を抑制することが推論でき，図3では，ビコイドの促進作用の方が強く現れていることもわかるが，いろいろな事実のうち1つに着目した時に，何を推論できるかを考えることが求められている。

a．図1と図2で，ビコイドの機能が高いと胚前方のハンチバックが多く(正常胚)，ビコイドの機能が低い(無い)と胚前方のハンチバックの量が少ない(これを正の相関関係がある，という)。ここでは，ビコイドの機能の違いが原因となっているとしか考えられないので，推論できることは②(事実を説明する仮説は②)ということになる。

POINT ｜ **相関関係と因果関係**

　要素Aと要素Bの一方が多いと他方も多く，一方が少ないと他方も少ないという関係があるとき，AとBの間に正の相関関係があるという。
　逆に，要素Cと要素Dの一方が多いと他方が少なく，一方が少ないと他方が多いという関係があるとき，CとDの間に負の相関関係があるという。
　相関関係があっても，因果関係があることを証明はしないが，相関関係を手がかりに因果関係を推論する(仮説をつくる)ことは多い。

---

b．図1と図2で，ビコイドの機能の強さと胚後方のハンチバックの量が相関していない。一方，胚後方のハンチバックの量とナノスの量の間に負の相関関係がある。仮に，ハンチバックがナノスを抑制していると仮定すると，図2において胚前方でハンチバックが減っているのにナノスが増えていない点が説明できない。したがって，推論できることは⑤(事実を説明する仮説は⑤)ということになる。

c．図1と図3ではナノスの量は同じで，中央部でのビコイドの量は図3の方が多い。したがって，**仮説として②を採用すると，中央部のハンチバックの量が多い**

28 第2章　生殖と発生

という事実を説明することができる（推論できることは②）。

d．図3では，中央部〜尾部でのビコイドの量が一定なのに，ナノスの量とハンチ
バックの量の間に負の相関関係がみられるので，⑤を推論することもできる。し
かし，この設問では，図1と図3で量が異なっている事実（中央〜尾部でのハン
チバック量が異なる事実）に着目しているので，図3だけから推論できる⑤を答
えるのは，誤りとまではいえないが，最適ではない（共通テストでは部分点が与
えられる可能性がある）。あくまで，**図1と図3の比較から推論できることと考
えると，図1と図3で分布が同じであるナノスよりも，ビコイドについて②と推
論する方が適切**となる。

問2　この設問では，図4の4でBがないとA遺伝子が発現しないことから，**A遺伝
子の発現にBのタンパク質が必要である**ことを読み取る。また，図4の5でCがな
いとA遺伝子の発現する範囲が広がることから，**Cのタンパク質がA遺伝子の発現
を抑制している**ことを読み取る。そして，図の1〜3を比べることで，**Cによる抑
制作用の方が強い**ことを読み取る。これが出発点である。そのうえで，B遺伝子を
胚全体で発現させた場合を考えると，胚全体でBによる促進作用が働き，Cによる
抑制作用がない領域すべてでA遺伝子が発現する⑦と予想できる。一方，C遺伝子
を胚全体で発現させた場合，胚全体でCによる抑制作用が働くので，A遺伝子は発
現しない④と予想できる。

問3　事実を説明するストーリー（仮説）を述べた文の空欄を補充するには，**ストー
リー全体を1回読んだ上で考える方がよい**。また，一種のクイズなので，設問文や
選択肢もヒントとなる。この設問の場合，「これらのうち2回の出来事は全染色体
の倍化であった」とあるのが大きなヒントとなり，遺伝子群2〜5のすべてに存在
する遺伝子○が2回の全染色体の倍化で説明できるので，⑥・⑦が空欄に入らない
と判断できる。また，遺伝子群2，3，5で遺伝子■が2つ並んでいることから②が
どこかに入ること，遺伝子■は遺伝子群2〜5で合計7個あるので，②重複してか
ら①倍化が2回起き，遺伝子群4で遺伝子■の一方が③欠失したと考えると，うま
く説明できることがわかる。

　　　祖先型遺伝子群1をもつ祖先哺乳動物で，まず，②**遺伝子■の重複**が起きた
　　　次に，①**全染色体の倍化**が起き，⑧**遺伝子群2**と⑨**遺伝子群3**の配列をもった
　　　そして，⑤**遺伝子△の欠失**によって ⓐ**遺伝子群5**の配列が生じた
　　　その後，①**全染色体の倍化**が起きた
　　　③**遺伝子■の欠失**によって ⓞ**遺伝子群4**の配列が生じた

結果，図5の遺伝子群2〜5をもつようになったと考えられる。

19 植物の細胞分化
問1 ⑤
問2 (1) ①, ③　(2) ①, ②, ③

解説 ▶ **問1**　「毛と毛の周囲にある6個すべての補助細胞は，1つの同じ細胞から分裂して分化する」という**仮説を検証するためには，この仮説が正しいと仮定して結果を予想し，実際の結果と比較する**。すると，実験1では，色の異なる2種類の細胞のキメラ植物を作っているが，仮説から予想すると，毛の色と補助細胞の色は必ず一致するはずである。**実際には，一致していない場合があるので，仮説は否定される**。

> **POINT**　仮説を検証するには……
> 仮説が正しいと仮定して，結果を予想し，予想と実際の結果を比較する
> ⟶ 予想と実際が一致すれば，仮説は肯定される
> ⟶ 予想と実際が一致しなければ，仮説は否定される

問2　「毛と毛の周囲にある6個すべての補助細胞は，1つの同じ細胞から分裂して分化する」という仮説が否定されたので，毛と補助細胞は別々の細胞から分化するという考え方で，結果を予想する。**毛と補助細胞の分化および物質Tの関係について述べたリード文を図式化すると**，右図のようになる。

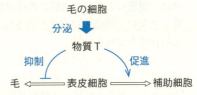

(1) 野生型と変異体Xの細胞が混在する植物体（野生・変異体X植物）では，変異体Xの細胞だけでできている領域では，物質Tが分泌されないため何本も毛が並ぶ（図①）。野生型細胞が毛に分化した場合は，変異体Xの細胞も物質Tを受容できるので，周囲の細胞がどちらであっても補助細胞になる（図③）。**境界線領域で毛になった細胞が変異体Xであった場合，物質Tを合成・分泌できないので隣接する細胞が補助細胞になることは考えられず，図②のような配置は生じない**。

(2) 野生型と変異体Yの細胞が混在する植物体（野生・変異体Y植物）では，変異体Yの細胞だけでできている領域では，何本も毛が並び（図①），野生型細胞だけでできている領域では，正常な構造（図③）となる。変異体Yの細胞は物質Tを合成・分泌するが受容できないので，**境界領域で毛となった細胞がどちらの細胞であっても，物質Tは分泌される**。このとき，周囲の細胞のうち野生型の細胞は補助細胞に分化するが，変異体Y由来の細胞は物質Tを受容できないので，毛に分化する可能性がある。つまり，図②のような構造が生じうるということである。

30 第3章 動物の環境応答

第3章 動物の環境応答

20 抗体
①

解説 ▶ 抗原として認識される部位として，ヒトのタンパク質Zには■と▲がある
とする。実験1において，ヒトのタンパク質Zを抗原として注射されたマウスの体内
では，■と▲に結合する抗体がつくられている。

実験2の手順1・2において，ブタタンパク質Zを底に固着させた容器に，ヒトの
抗原を注射したマウスから回収した■と▲に結合する抗体を加える。ブタタンパク質
Zが■をもち，▲をもたない場合，■に結合する抗体は底に結合するが，▲に結合す
る抗体は溶液中に残る。つまり，共通の抗原部位に結合する抗体は底に結合して底か
ら色素が検出され，異なる抗原部位に結合する抗体は溶液中に残って溶液中から色素
が検出される。

ア ・ イ 「ヒトとブタに ア 抗原部位がある場合は，容器の底から色素
が検出 イ 。」より，手順2は 共通の 抗原部位の有無を確認するための実験で，
共通の抗原部位がある場合は底から色素が検出 される 。

ウ ・ エ 手順2において，ヒトとブタに共通する抗原部位に結合する抗体
は底に固着したタンパク質Zの抗原部位に結合しているため，回収した溶液中には
含まれない。溶液中に含まれ得る抗体は，ヒトとブタで 異なる 抗原部位に結合す
る抗体のみである。

ヒトとブタのタンパク質Zに共通する抗原部位しかない場合，すべての抗体が手
順2で除かれるため，手順3において底から色素は検出されない。一方，ヒトとブ
タのタンパク質Zに異なる抗原部位が存在する場合，手順2で除かれなかった抗体
があり，その抗体は手順3では必ず抗原と結合するので，容器の底から色素が検出
される 。

21 抗体標識
問1 ②，③ 問2 ⑤，⑦

解説 ▶ この実験は，細胞の中でタンパク質1とタンパク質2がどの部位で発現し
ているかを調べるために，「この2種類のタンパク質を赤と緑の別々の色で標識する」
ことが目的である。

そのためには，タンパク質1とタンパク質2にそれぞれ特異的に結合する特異的抗
体（抗タンパク質1抗体，抗タンパク質2抗体とする）を作製し，さらにそれぞれの抗
体の定常部に結合する，赤もしくは緑の色素をつけた二次抗体で標識する。つまり，

抗タンパク質1抗体と抗タンパク質2抗体の定常部は，異なっている必要がある。

　同じ動物がつくる抗体の定常部は同じ構造なので，抗タンパク質1抗体と抗タンパク質2抗体を同じ動物につくらせると定常部が同じになり，二次抗体は，つけた色素に関わらず，どちらにも結合してしまい，染め分けることができない。

　異なる動物（X，Yとする）に抗体をつくらせると，定常部は異なる構造になるので，Xがつくった抗タンパク質1抗体には赤色素をつけたXの定常部に対する二次抗体を，Yがつくった抗タンパク質2抗体には緑色素をつけたYの定常部に対する二次抗体をというように，別々の色素をつけた二次抗体を結合させて，それぞれを異なる色で染め分けることができる。

問1　タンパク質1およびタンパク質2を抗原とし，標識をもたない特異的抗体は①〜③の中から選ぶ。抗タンパク質2抗体はウサギがつくった③のみである。よって，抗タンパク質1抗体はウサギ以外の動物がつくったものを用いる必要がある。よって，ヤギがつくったタンパク質1を抗原とする②を用いる。

問2　特異的抗体の定常部を抗原とし，かつ標識のついた二次抗体は④〜⑦の中から選ぶ。

　問1で選んだ特異的抗体はヤギおよびウサギが作製したものなので，二次抗体はヤギおよびウサギ以外の動物が作製したものを用いる必要がある[※1]。よって，ヤギが作製した④は用いることはできない。

　残りの⑤〜⑦のうちウサギ抗体定常部を抗原とするものは赤色蛍光がついた⑤のみ。よって残りの⑥，⑦のうちヤギ抗体定常部を抗原とするものは，⑤とは異なる色である緑色蛍光がついた⑦を用いる。

← ※1　④のような，ヤギが作製した二次抗体を用いると，「ヤギ抗体定常部を抗原とする二次抗体」が二次抗体④の定常部に結合してしまう。

　問1と問2の結果，タンパク質1は緑色蛍光で，タンパク質2は赤色蛍光で標識される。

22　免疫寛容
問1　④　　**問2**　③

解説▶　**問1**　各実験からわかることをまとめると以下のようになる。

実験1：移植された系統1マウスの皮膚片が脱落したことから，通常の系統2マウスのリンパ球は，系統1マウスの皮膚を非自己と認識し，移植された皮膚に対する細胞性免疫が起きていることがわかる。

実験2：移植された系統1マウスの皮膚片が脱落しないことから，胎児期に系統1マウスの細胞を注射された系統2マウスでは，移植された系統1マウスの皮膚片に対する細胞性免疫が起きていないことがわかる。

実験3：移植された系統3マウスの皮膚片が脱落したことから，胎児期に系統1マ

32 第3章 動物の環境応答

ウスの細胞を注射された系統2マウスでは，移植された系統3マウスの皮膚片に
対する細胞性免疫が起きていることがわかる。

実験4：実験2より，胎児期に系統1マウスの細胞を注射された系統2マウスでは
系統1マウスの皮膚片に対する攻撃は起こらない。しかし，実験1で用いた，系
統1の皮膚移植を受けた系統2マウスには，系統1の皮膚を非自己と認識し，攻
撃するリンパ球(キラーT細胞)がつくられている。よって，注射したリンパ球に
よって系統1の皮膚は脱落すると考えられる。

問2　実験1・2からは，本来は非自己として認識されて攻撃対象となる非自己抗原
が胎児期に体内に存在すると，その非自己抗原は成長後も細胞性免疫による攻撃を
受けないことがわかる。また，実験3より，成長後に細胞性免疫を受けないのは，
胎児期に体内に存在した非自己抗原のみであることがわかる。よって①は誤りで③
は正しい。また，移植した皮膚片を脱落させるのは，キラーT細胞による攻撃，す
なわち細胞性免疫であり，抗体による体液性免疫ではない。よって②，④は誤り。

　胎児期に出会った抗原は，非自己であっても自己と認識されるようになる。ウシ
の二卵性双生児間での皮膚移植は，このメカニズムによって成立するのである。

23　におい受容体の特異性
②

解説 ▶　選択肢を1つ1つ検討していこう。

① におい物質Aは，におい受容体vとzの2種類に結合する。その他のにおい物質
も，それぞれ2〜4種類のにおい受容体に結合しており，「1種類のにおい物質は
1種類のにおい受容体にのみ特異的に結合」するわけではない。よって誤り。

② 各におい物質は複数種類のにおい受容体に結合しているが，結合しているにおい
受容体の組合せはそれぞれ異なっている。

　本問ではv〜zの5種類のにおい受容体があり，1種類のにおい物質は，それぞ
れのにおい受容体に「結合するか結合しないか」の2通りのいずれかである。よっ
て，1種類のにおい物質が結合するにおい受容体の組合せは$2^5 = 32$通り(いずれに
も結合しない1種類を除いても31通り)となり，におい受容体の種類よりも多くの
種類のにおいを感知することができると推察される。よって正しい。

　一般に，1種類のにおい物質は複数のにおい受容体を活性化し，1つのにおい受
容体は複数のにおい物質によって活性化されるため，におい受容体とにおい物質は
多対多の組合せによって認識されることがわかっている。

③ におい物質A〜Jは「構造が類似した」物質であるが，結合するにおい受容体の
組合せはそれぞれ異なっている。つまり「同じにおい受容体に結合する」わけでは
ない。よって誤り。

④ 嗅細胞に発生する活動電位は，におい物質が結合すると開口する，リガンド依存

性 Na^+ チャネルを通る Na^+ の流入により生じる。**生じる活動電位の大きさは刺激の種類によらず一定である**(全か無かの法則)。よって誤り。

---

24 ゾウリムシの繊毛運動

問1 ④, ⑥
問2 (1) ② (2) イ - ② エ - ④ オ - ⑤
問3 ④

解説▶ **問1** 表1の溶液1～4から，ATP，Mg^{2+}，Ca^{2+} をそれぞれ単体で溶液に加えてもゾウリムシは動かないことがわかる。溶液5～7から，ゾウリムシの運動には，ATP $+ Mg^{2+}$ が必要であることがわかる。

① 後進遊泳を行った溶液7には Mg^{2+} が添加されており，Mg^{2+} が添加されていないこと以外は溶液7と同じ条件である溶液6では動かなかったことから，**Mg^{2+} は後進遊泳に必要**であるといえる。また，前進遊泳を行った溶液5には Mg^{2+} が添加されており，Mg^{2+} が添加されていないこと以外は溶液5と同じ条件である溶液2では動かなかったことから，**Mg^{2+} は前進遊泳にも必要**であるといえる。よって誤り。

② 前進遊泳を行った溶液5には Ca^{2+} が添加されていないことから，**Ca^{2+} は前進遊泳には必要ではない**といえる。よって誤り。

③ 実験1はトリトン X-100 処理を行ったゾウリムシを用いており，溶液7で**繊毛打逆転による後進遊泳が観察された**ので誤り。

④・⑦ 繊毛運動がみられた(遊泳を行った)溶液5と溶液7はともに ATP と Mg^{2+} が添加されており，繊毛運動がみられなかった(動かなかった)溶液1～4および溶液6は ATP と Mg^{2+} の少なくとも一方が添加されていない。よって**繊毛運動には Mg^{2+} と ATP が必要**であるといえる。また，繊毛運動に用いられるエネルギーは，ATP 分解酵素により ATP が分解される際に生じるものであると考えられる。よって④は正しく，⑦は誤り。

⑤ 実験1では前進遊泳の速度が大きくなる正常打の強化は観察されていない。よって判断できず，誤り。

⑥ 後進遊泳を行った溶液7には Ca^{2+} が添加されており，Ca^{2+} が添加されていないこと以外は溶液7と同じ条件である溶液5では前進遊泳は行ったが後進遊泳は行わなかったことから，**Ca^{2+} は繊毛打逆転による後進遊泳に必要**であるといえる。よって正しい。

問2 実験2の表2に，**K^+ 濃度は細胞内＞細胞外，Ca^{2+} 濃度は細胞内＜細胞外**となっていることが示されている。よって，細胞膜に存在する K^+ チャネルが開口した場合は K^+ は細胞外へ流出し，Ca^{2+} チャネルが開口した場合は Ca^{2+} は細胞内へ流入する。よって，「機械刺激を受けると イ が開いて ウ が細胞内へ流入する」

ことから ウ はCa^{2+}, イ は機械刺激で開くカルシウムチャネル(②)であるとわかる。また,「さらに多くの ウ (Ca^{2+})が流入し,一定濃度へ達すると繊毛運動の方向は逆転する」ことから,最初の機械刺激は前進遊泳を行っていたときのものであるとわかり, ア は前進遊泳時にぶつかる,前端であると判断できる。

前端が衝突したことにより開口した「機械刺激によって開くカルシウムチャネル」を通り,陽イオンであるCa^{2+}が流入すると,膜電位[※1]の脱分極が起こる。その結果 エ が活性化し,「さらに多くの ウ (Ca^{2+})が流入」するので, エ は膜電位の脱分極により開口し,Ca^{2+}の流入を起こす,電位変化によって開くカルシウムチャネル(④)である。また,チャネルを通って流入したCa^{2+}の濃度は,「 オ が活性化すると…低下」することから, オ はCa^{2+}の排出に働く,能動輸送を行うカルシウムポンプ(⑤)であると判断できる。

←[※1] 細胞膜外を基準(0mV)としたときの細胞膜内の電位差(≒電圧)を膜電位という。細胞膜内外に電位差が発生する(膜電位が発生する)ことを「分極する」という。電位差が小さくなることを「脱分極が起こる」といい,電位差が大きくなることを「過分極が起こる」という。

問3 実験2-1に,前端部に刺激を与えると膜電位は脱分極することが示されており,前端部に刺激を受けたゾウリムシは後進遊泳することから,膜電位の脱分極が後進遊泳につながる繊毛打逆転を引き起こすことがわかる。また,実験2-2に,後端部に刺激を与えると膜電位は過分極することが示されており,後端部に刺激を受けたゾウリムシは前進遊泳の速度が大きくなることから,膜電位の過分極が前進遊泳の速度を大きくする正常打の強化を引き起こすことがわかる。

ゾウリムシの入ったシャーレの両端に電流を流すと,プラス極側の細胞膜では,細胞外の電位が高くなったため,電流を流す前より膜電位は大きくなり,過分極(カ)となる。一方,マイナス極側の細胞膜では,細胞外の電位が低くなったため,電流を流す前より膜電位は小さくなり,脱分極(キ)となる。その結果,前端がマイナス極を向いている場合,前半の繊毛は脱分極により繊毛打逆転(ク)し,後半の繊毛は過分極により正常打の強化(ケ)が生じる。

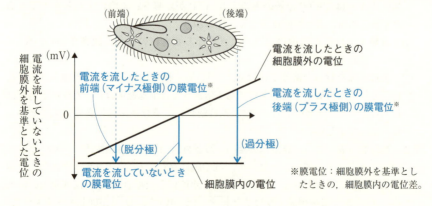

35

25	筋収縮のしくみ

問1　仮説ⅰ－②　仮説ⅱ－①　仮説ⅲ－②　仮説ⅳ－②

問2　実験1，実験2の順に，

仮説ⅴ－③，③　仮説ⅵ－②，③　仮説ⅶ－②，②　仮説ⅷ－①，①

仮説ⅸ－③，③　仮説ⅹ－②，②　仮説ⅺ－③，③　仮説ⅻ－③，③

解説 ▶ **問1**　図2より，アクチン繊維はガラス面でそれぞれ一方向性に移動していることがわかる。

仮説ⅰ：実験1では，精製したミオシンとアクチン繊維のみを用いており，ミオシンロッドは用いていないが，アクチン繊維が一定の方向に移動している。また，ミオシンはランダムな位置に吸着されているので，方向もランダムだと考えられる。すなわちミオシンロッド，ミオシン，アクチン繊維の方向性がすべてがそろうことが滑り運動を引き起こすのに重要であるとはいえない。よって誤り。

仮説ⅱ：「アクチン繊維の方向性だけで，滑り運動の方向が決まる」ならば，実験1の結果はミオシンがATPを分解したエネルギーを用い，それぞれのアクチン繊維の方向性に従って移動させたと説明することができ，この仮説は支持される。

仮説ⅲ：この仮説は，仮説ⅰと同じく，実験1では用いていないミオシンロッドが方向性の決定に関わっているとしており，さらに，ガラス面に付着しているミオシンの位置や向きはランダムなので，誤り。

仮説ⅳ：実験1で用いたものは精製したミオシンとアクチン繊維であり，筋繊維中の他の因子は用いていない。しかし，各アクチン繊維は一方向性に移動しており，この仮説は否定される。

問2　実験1より，アクチン繊維の方向性だけで滑り運動の方向性が決定することがわかった。実験2はこの成果を参考に考案されたものである。

仮説ⅴ・仮説ⅸ：筋肉には，横紋筋からなる骨格筋と，平滑筋からなる小腸などでみられる内臓筋とがある。実験1・2で用いたのはいずれも骨格筋から精製したタンパク質であり，実験1・2のいずれでも，平滑筋に関する仮説は検証できない。ちなみに，平滑筋の収縮もアクチン繊維とミオシン繊維によるもので，収縮速度は平滑筋の方が骨格筋に比べ著しく小さい。

仮説ⅵ：実験1で用いたミオシンは繊維状にはなっていないが，滑り運動によるアクチンフィラメントの移動がみられた。よってこの仮説を支持しない。一方，実験2で用いたミオシンは繊維状のものだけであり，滑り運動はみられたが，この実験だけではミオシンが繊維状であることが必要であるのかどうなのかは判断できない。

仮説ⅶ・ⅷ：実験1からは，「滑り運動の方向はアクチン繊維の方向性だけで決定する」という仮説ⅱが支持された。よって仮説ⅶは支持されず，仮説ⅷは支持される。

　　また，実験2の結果である図4では，ミオシン繊維の向きは変わっていないが，

第3章　動物の環境応答

36 第3章 動物の環境応答

アクチン繊維の向きを反対にした a と b ではアクチン繊維の移動する方向が逆になった。このことから，仮説viiは支持されず，仮説viiiは支持される。

仮説 x：実験1・2とも，精製したタンパク質および ATP を用いて実験しているが，いずれも滑り運動により起こるアクチン繊維の移動が起こっている。よってタンパク質精製の過程で滑り運動活性に必要な成分が失われているとはいえず，この仮説は支持されない。

仮説 xi：実験1ではミオシン繊維を用いておらず，この仮説を検証することはできない。

　　実験2では，ミオシン繊維を蛍光色素で標識処理したのちにアクチン繊維の移動を観察しているが，ミオシン繊維を蛍光色素で標識することによって運動が抑制されるかを調べるためには，標識した実験群と標識しない実験群とを比較する必要がある。実験2では標識しない実験群を用いていないため，標識による影響を検証することはできない。

仮説 xii：この仮説を検証するためには，摩擦や抵抗など，運動の負荷を変えた対照実験を行い，その結果速度に変化が生じ，また他の要因の影響がないことを確認する必要がある。実験1・2ともに，運動の負荷を変えた対照実験を行っていないため，この仮説を検証することはできない。なお，実験2においてアクチン繊維とミオシン繊維の向きの組合せを変えることによってアクチン繊維の移動する速度が変化した（図4では a の方が b よりも移動速度が大きい）が，これは負荷を変えているものではなく，仮説を検証する実験とはならない。

---

26 体内時計
問1 ⑥　　問2 ④

解説 ▶ **問1** 選択肢を1つ1つ検討していこう。

① 実験5では，*per0* 変異型遺伝子と野生型遺伝子をヘテロでもつ個体の表現型はほぼ正常となっており，野生型個体と大差がない。よって野生型遺伝子の方が優性であるといえる。誤り。

② 実験6では，*perS* 変異型遺伝子と野生型遺伝子をヘテロでもつ個体の表現型は中間となっており，これらの遺伝子の間には優劣の関係が成立していないといえる。誤り。

③ 実験7では，*perL* 変異型遺伝子と野生型遺伝子をヘテロでもつ個体の表現型はほぼ正常となっており，野生型個体と大差がない。よって野生型遺伝子の方が優性であるといえる。誤り。

④ 実験8では，*perS* 変異型遺伝子と *per0* 変異型遺伝子をヘテロでもつ個体の表現型は *perS* 変異型個体と同じ短い周期となっている。よって *perS* 変異型遺伝子の方が優性であるといえる。誤り。

⑤ **実験10**では，*per*S 変異型遺伝子と *per*L 変異型遺伝子をヘテロでもつ個体の表現型はほぼ正常となっており，野生型個体と大差がない。*per*S 変異型遺伝子が優性であるならばこの個体の表現型は *per*S 変異型個体と同じ短い周期となるはずである。よって誤り。なお，*per*L 変異型遺伝子が優性であるならばこの個体の表現型は *per*L 変異型個体と同じ長い周期となるはずであり，これらの遺伝子の間には優劣の関係が成立していないといえる。

⑥ **実験9**では，*per*L 変異型遺伝子と *per*0 変異型遺伝子をヘテロでもつ個体の表現型は *per*L 変異型個体と同じ長い周期となっている。よって *per*L 変異型遺伝子の方が優性であるといえる。正しい。

問2 同一の遺伝子座内の異なる部位に生じた変異によって複数の変異型遺伝子が存在する場合，**異なる変異型遺伝子をヘテロでもつ個体は野生型遺伝子をもたない**^{※1}。よって，野生型遺伝子の産物を合成できず，**表現型は正常（もしくはほぼ正常）以外となる**はずである。

しかし，もしも2つ以上の遺伝子座に変異が生じていたら，**異なる変異型遺伝子をヘテロでもつ個体は野生型遺伝子をもつ**^{※2}。よって，野生型遺伝子の産物を合成でき，**表現型は正常（もしくはほぼ正常）となる**はずである。

表1において，異なる変異型遺伝子をヘテロでもつ個体が出現するのは実験8～10で，実験8（*per*S と *per*0 の二重変異体），実験9（*per*L と *per*0 の二重変異体）はいずれも表現型が正常以外となっており，同一遺伝子内の変異であることを支持する。しかし，実験10（*per*S と *per*L の二重変異体）の表現型はほぼ正常となっており，一見，同一の遺伝子座上の変異ではないようにみえる。よって④が適当。

← ※1　野生型遺伝子がAならば，変異体1の遺伝子はA′，変異体2の遺伝子はA″で，異なる変異型遺伝子をヘテロでもつ個体はA′A″となり，野生型遺伝子をもたない。

← ※2　野生型の遺伝子がABならば，変異体1の遺伝子はA′B，変異体2の遺伝子はAB′となり，異なる変異型遺伝子をヘテロでもつ個体はAA′BB′となり，野生型遺伝子をもつ。

---

27 アリの帰巣行動
　　仮説Ⅰ-① 　仮説Ⅱ-① 　仮説Ⅲ-② 　仮説Ⅳ-②

解説 ▶ 仮説Ⅰ，Ⅱ：アリが，巣のにおいや，巣の近くの目印を記憶し，それを頼りに巣へ戻るのであれば，動かされた場所から巣を結ぶ直線となる最短距離でまっすぐ戻るはずであるため，仮説Ⅰ，Ⅱは否定される。

仮説Ⅲ：遠方の目印がかなり離れている場合，アリを10m動かしても，アリから目印の方向は大きくは変わらない。よって，仮説Ⅲは否定されない。

仮説Ⅳ：実験的に一気に動かした後で巣に戻ろうとする経路は，餌場から巣に戻る最

38　第3章　動物の環境応答

短経路と同じベクトルであり，これは，アリが餌場と巣の位置の相対的な位置関係を把握・記憶しており，その記憶を頼りに巣へ戻っていることを示している。よって仮説Ⅳは否定されない。

28　ミツバチダンス
　　問1　④　　問2　②　　問3　②

解説 ▶　ミツバチダンスがどの程度有効なのかを調べた興味深い実験である。

問1　リレイが行った実験において通常とは異なる条件は，
・極小の無線装置を取り付けた点
・餌に芳香がない点
・餌場が見えない点

である。ミツバチは通常であれば正確に餌場までたどり着けるが，この実験では19匹中2匹しかたどり着けなかった。つまり，この実験における無線装置の取り付け，嗅覚情報がないこと，視覚情報がないことの少なくとも1つが，餌場までたどり着く確率を低くしていると考えられる。よって④が適当。

①〜③　この実験においても，正しい方向へ飛び，餌場の付近までは到達したので，8の字ダンスでは方向，距離，いずれも正確に伝えていることがわかる。よって，いずれも誤り。

⑤　8の字ダンスによる情報伝達に天気が影響することを確認するためには，さまざまな天気の日に実験を行う必要があるが，リレイの実験では行っていない。よって適当ではない。

問2　円形ダンスが伝えるのは，巣の周囲およそ50メートルの近辺に餌場がある，という大まかな情報である。それに対して，8の字ダンスが伝えるのは，巣から餌場までの正しい方向と正しい距離という，詳細な情報である。

　　巣から60m離れた餌場まで円形ダンスで伝える系統Xは，60mまでの餌場を大まかな情報として伝えるが餌場を発見できるため，餌場を見つける能力が高いと考えられる。巣から40m離れた餌場までは円形ダンスで伝えるが，それ以上の距離にある餌場の位置情報は8の字ダンスで詳細に伝える系統Yは，系統Xに比べて餌場を見つける能力が低いと考えられる。

問3　8の字ダンスでは，巣枠（巣基枠）を垂直に挿入した巣箱で，ミツバチが尻振りをしながら直進する方向と重力の反対方向とのなす角度が，巣から見た餌場の方向と太陽の方向とのなす角度に等しい。よって，系統Xの8の字ダンスであっても，餌場までの方向の情報は，系統Xだけでなく系統Yのミツバチにも正確に伝えられる。よって，いずれの系統も正しい方向に飛ぶと考えられる。しかし，ここでは餌場の餌に芳香はなく，また餌場は上空からは見えない。そのため，リレイの実験をもとに考えると，正確に餌場までたどり着ける個体は極めて少ないと考えられる。

よって，問２の仮説「系統Xのミツバチの方が，餌場を見つける能力が高い」が正しいとした場合，餌場にたどり着ける極めて少ない個体は系統Xのみであると考えられる。

29 ネズミの迷路学習

	仮説Ⅰ	仮説Ⅱ	仮説Ⅲ	仮説Ⅳ
条件２	①	②	②	②
条件３	②	①	①	①
条件２＋３	①	①	①	①

解説 ▶ 通常の条件（条件１）において，ネズミは水面下の台の位置を学習した。４つの仮説は，台の位置を把握する手掛かりとして利用している情報の種類について検討するものである。

各仮説において，ネズミが利用している情報は以下の通り。

仮説Ⅰ：台の近くにある目印ａ（１つの目印という視覚情報）

仮説Ⅱ：水中の化学物質の濃度勾配（嗅覚・味覚情報）

仮説Ⅲ：地磁気（磁覚情報）

仮説Ⅳ：周囲から聞こえる音（聴覚情報）

これらのうち，どの情報を利用しているかを確かめるため，条件２と条件３で実験を行った。

条件２：条件２では，円形容器周囲の４つの目印のうち１つを取り除き，３つしか利用できないようにした（視覚情報の一部の変化）。このとき，４つの目印のいずれを取り除いても（すなわち目印ａを取り除いても）ネズミは台の位置を把握できた。よって，「目印ａを手掛かりとしている」とする仮説Ⅰは否定される。また，仮説Ⅱ～Ⅳでは「視覚情報以外を手掛かりとしている」ので，視覚情報の一部を変化させたこの実験では検討できない（否定はされない）。

条件３：条件３では，４つの目印をすべて取り除いた（目印という視覚情報を失わせた）。このとき，ネズミは台の位置を把握できなかった。よって，この条件では目印ａが取り除かれており，その結果ネズミは台の位置を把握できなかったことから，「目印ａを手掛かりとしている」とする仮説Ⅰは否定されない。一方，視覚情報を失わせた結果，ネズミは台の位置を把握できなかったことから，「視覚情報以外を手掛かりとしている」とする仮説Ⅱ～Ⅳはいずれも否定される。

条件２＋３：仮説Ⅰは条件２によって否定され，仮説Ⅱ～Ⅳは条件３によって否定されるため，条件２と条件３を総合して考えると，これら４つの仮説はすべて否定される。

40 第3章 動物の環境応答

30 ゼブラフィッシュの記憶と行動
   問1 ⑥   問2 ③

解説 ▶ **問1** 実験1では，ゼブラフィッシュの各水槽の滞在時間が，×印<△印<□印となる結果が得られた。このことから，ゼブラフィッシュは×印を嫌う可能性が考えられる。しかし，この結果だけでは，滞在時間の差が×印以外の要因（水温，光強度など）の違いによって生じた可能性も否定できない。「ゼブラフィッシュは×印を嫌う」という仮説を検証するためには，×印という要因が滞在時間に与える影響を調べればよい。すなわち，×印を取り除いたときの水槽の滞在時間を調べ，実験1と結果が変わらなければ，ゼブラフィッシュに対する×印の影響はなく，仮説は誤りで，×印を取り除いた水槽の滞在時間が実験1よりも長くなれば，ゼブラフィッシュは×印を嫌っており，仮説は正しいと判断できる。

問2 実験2の図4から，ゼブラフィッシュは塞がれていた水槽部分（○印）の滞在時間が長いという結果が得られた。図5より，その傾向は1時間後にもみられるが，6時間後には消失したという結果が得られた。よって，記憶に基づいた行動は1時間後には行えるが，6時間後には行えなくなっていると考えられる。

第4章 植物の環境応答

31 フォトトロピンによる葉緑体の再配置
③

解説▶ 各実験からわかることをまとめる。

実験1：正常株（P_1 と P_2 をともにもつ）では，集合反応と逃避反応の両方がみられる。

実験2：$P_1{}^-$株（P_2 のみをもつ）では，集合反応と逃避反応の両方がみられる。

実験3：$P_2{}^-$株（P_1 のみをもつ）では，集合反応のみがみられる。

関係をとらえにくいときには，表にまとめ直すとよい。

反応 ＼ 株（もっているフォトトロピンの種類）	正常株（P_1 と P_2）	$P_1{}^-$株（P_2）	$P_2{}^-$株（P_1）
集合反応	○	○	○
逃避反応	○	○	×

P_2 のみをもつ $P_1{}^-$株の結果より，P_2 は集合反応と逃避反応をともに誘導することがわかる。P_1 のみをもつ $P_2{}^-$株の結果より，P_1 は集合反応を誘導するが，逃避反応は誘導しないことがわかる。

32 アミラーゼ誘導
問1 イネ – ③　コムギ – ⑥

問2 (1) ②　(2) ①　(3) ②　(4) ①　(5) ②

解説▶ **問1** 実験1では，胚乳内のデンプン含量の変化を測定している。リード文にも示されているように，胚乳中のデンプンはアミラーゼによって糖へと変えられる。よって，**デンプン量の減少はアミラーゼ活性の変化を反映している**と考えられる。

図1より，イネでは好気条件下よりも嫌気条件下のデンプン量の減少速度が小さいため，**アミラーゼ活性は好気条件下よりも嫌気条件下の方が小さい**と考えられる。コムギでは，嫌気条件下ではデンプン量がほとんど減少していないため，**アミラーゼ活性はほぼない**と考えられる。

問2 (1)，(3) リード文に，イネやコムギの種子では，吸水すると胚で植物ホルモン A が合成され，それが糊粉層細胞におけるアミラーゼの合成を誘導することが記されている。問1で考察したように，実験1より，嫌気条件におかれたコムギではアミラーゼ合成が起こっていないと考えられる。実験2では胚乳と糊粉層のみ

第4章 植物の環境応答

からなる無胚種子片に植物ホルモン A を添加しているが，嫌気条件下におかれたコムギではアミラーゼ合成が誘導されなかった。

　これらの結果を合わせると，嫌気条件下におかれたコムギでは，植物ホルモン A の有無によらずアミラーゼ合成は誘導されないことがわかる。

　しかし，嫌気条件で「**植物ホルモン A も合成されず，かつアミラーゼ合成も誘導されない**」のか，「**植物ホルモン A は合成されているが，アミラーゼ合成は誘導されない**」のかは判断できない。よって(1)と(3)はともに否定できない。

(2), (4)　発芽の際，胚は糖を利用してエネルギーを獲得する。実験3は嫌気条件下で発芽実験を行っており，糖溶液を与えたコムギ種子が発芽している。このことから，コムギ種子は嫌気条件下において糖溶液を吸収し，糖を利用してエネルギーを獲得する発酵を行っていると判断できる。よって(2)・(4)はともに否定できる。

(5)　実験1～3において，嫌気条件下におかれたコムギ種子はいずれもアミラーゼを合成できていない。よって，コムギのアミラーゼが嫌気条件下でデンプンを糖に変えることができるのかどうかは判断することができず，否定できない。

33　オーキシンの輸送
問1　②　問2　④　問3　④　問4　①　問5　④

解説 ▶ 問1　オーキシンは茎や根の伸長成長を促進する作用をもつが，高濃度のオーキシンは逆に伸長成長を阻害する。伸長促進作用が最大になる濃度（最適濃度）は器官により異なり，根では低く，茎では高い。言い換えると，オーキシンに対する感受性が根では高く，茎では低い。よって②が正しい。

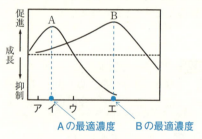

問2, 3　オーキシンを含ませたラノリンを塗布した根の成長を，オーキシンを含まないラノリンを塗布した根の成長と比較した結果である図3を見ると，オーキシンを塗布した位置（根端から2mm もしくは 5mm）によらず，オーキシン処理群と未処理群で成長差がみられるのは塗布部よりも基部側のみで，根端側は2つの処理群で差はみられない。このことから，オーキシンは塗布部から基部側へ向かって求基的に輸送されていると考えられる。よって問3は④が正しい。

　また，オーキシンを塗布した位置によらず，オーキシン処理群の成長量は未処理群の成長量に比べ小さい。すなわち，根は塗布したオーキシンにより成長が抑制されている。図4において，根（A）の成長はオーキシンの濃度ア，イでは促進，ウでは促進も抑制もされず，エでは抑制される。よって根に塗布したオーキシンの濃度

はエであるといえる。よって問2は④が正しい。

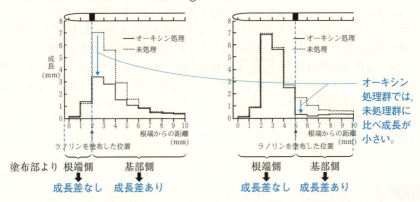

問4 実験2では，処理をしない（中心部も外側も残っている）根の切片（A）と，中心部を取り除き針金でふさいだ（外側だけが残っている）根の切片（B）において，オーキシンの輸送に差が出るかどうかを調べることで，求頂的輸送と求基的輸送のそれぞれが根のどの部域で起こっているかを調べている。AとBの輸送速度に差がなければ，輸送は外側で起こっており，AよりもBの輸送速度の方が低ければ，輸送は中心部分で起こっているといえる。

図5の左側のグラフは下が基部側，上が根端側なので，「基部側 → 根端側」の求頂的輸送が行われている部域を調べており，右側のグラフは下が根端側，上が基部側なので，「根端側 → 基部側」の求基的輸送が行われている部域を調べている。

求頂的輸送のグラフ（図5左）はAとBに差があることから，求頂的輸送は根の中心部分で起こっているといえ，求基的輸送（図5右）のグラフはAとBに差がないことから，求基的輸送は根の外側で起こっているといえる。よって①が正しい。

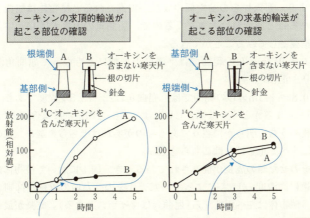

44 第4章 植物の環境応答

問5　問4でわかったように，オーキシンの根における求頂的輸送は中心部分を通り，根冠まで達する。根冠の細胞内には細胞小器官の一種であるアミロプラストが存在する。植物体を横たえるとアミロプラストが重力方向へ移動する（　オ　）ことによって，根冠の細胞は重力方向を感知する。重力方向を感知した根冠の細胞はオーキシンを重力方向（下方）（　カ　）へ輸送する。輸送されたオーキシンは中心部分よりも外側を求基的に輸送され，上方よりも下方でオーキシンの濃度が高くなる（　キ　）。最適濃度が低い根では高濃度のオーキシンにより伸長成長が抑制され，相対的成長量が上方に比べ低下（　ク　）する。その結果，根は下側へ屈曲する正の重力屈性を示す。

---

34 アベナテスト
　　　問1　②　　問2　③　　問3　①

解説 ▶ **問1**　植物体が屈曲するのは，植物体に部分的な成長速度の差が生じるためであり，図1において植物体が右に屈曲していることから，IAA を含む寒天片をのせた左側の成長速度の方が，寒天片をのせていない右側の成長速度よりも大きいことがわかる。

① 寒天片をのせていない側の成長が促進された場合，幼葉鞘は左へ屈曲する。よって誤り。

② 寒天片をのせた側の成長が促進された場合，幼葉鞘は右へ屈曲する。よって適切。

③ 植物体が屈曲したのは，寒天片をのせた部分よりもやや下方において成長速度の差がみられるためである。よって誤り。

④ 寒天片をのせた側の成長が抑制された場合，幼葉鞘は左へ屈曲する。よって誤り。

問2　IAA により，寒天片をのせた側の成長が促進されると植物体は屈曲する。成長が促進されるほど屈曲角は大きくなるので，屈曲角の大きさは IAA による成長促進作用の指標としてみることができる。

① 濃度が 0 〜 0.7mg/L の範囲では，濃度の増加にともなって屈曲角が大きくなっており，正しい。

② 濃度が 0.8 〜 1.2mg/L の範囲では，屈曲角は22〜22.5度程度であり，これを「大きな差」とするかどうかは悩ましい。よって，この選択肢は保留としておく。他の選択肢のうち，明らかに誤りであるものがあればそちらを選び，他の選択肢が明らかにすべて正しければこちらを選ぶ。

③ 寒天片をのせた側の成長が促進されているとき，図1において植物体は右へ屈曲する。逆に高濃度の IAA によって，寒天片をのせた側の成長が抑制されているときは，植物体は左へ屈曲する（屈曲角はマイナスとなる）。成長が最も促進されている濃度は，最大の屈曲角を与える 1.0mg/L であるが，この濃度を超えても屈曲角はマイナスになるわけではなく，徐々に小さくなるのみである。よって，

1.0mg/L を超えると成長が抑制されるわけではないので誤り。よって②は選ばず，③を選ぶ。
④ 例えば 0.6mg/L と 1.8mg/L では，ともに屈曲角は18度であり，正しい。

問3 実験1では，寒天中のIAA濃度とマカラスムギの屈曲角の関係を調べた。実験2では，エンドウの芽生えの各部位の抽出液を含んだ寒天を実験1と同様にマカラスムギの幼葉鞘にのせ，屈曲角の測定によって抽出液中のIAA濃度の測定を試みている。

まず表1より，茎から得た抽出液を含む寒天を用いた場合，幼葉鞘の屈曲角は12度である。図2において，屈曲角12度を与えるIAA濃度を見ると0.4mg/Lであることがわかり，これが茎から得た抽出液中のIAA濃度である（図ア）。

次に先端と根から得た抽出液を用いた場合の屈曲角を見ると，ともに22度である。図2において，屈曲角22度を与えるIAA濃度は0.8mg/Lと1.2mg/Lの2つがあり，先端と根のIAA濃度がどちらであるのか判断できない（図イ）。

そこで，表1の下段を見る。根の抽出液を2倍に希釈したものを用いた場合の屈曲角は12度である。図2において，屈曲角12度を与えるIAA濃度は0.4mg/Lであり，この2倍の濃度である0.8mg/Lが根から得た抽出液中のIAA濃度となる（図ウ）。

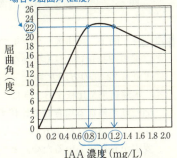

最後に，先端の抽出液を2倍に希釈したものを用いた場合の屈曲角は18度である。図2において，屈曲角18度を与えるIAA濃度は0.6mg/Lと1.8mg/Lであり，先端の抽出液のIAA濃度は0.8mg/Lと1.2mg/Lのいずれかであることから，抽出液のIAA濃度は1.2mg/L，2倍希釈した抽出液の濃度は0.6mg/Lとわかる（図エ）。

① 抽出液中の濃度は先端が1.2mg/L，茎が0.4mg/Lであり，正しい。
② 抽出液中の濃度は先端が1.2mg/L，根が0.8mg/Lであり，誤り。
③ 抽出液中の濃度は茎が0.4mg/L，根が0.8mg/Lであり，誤り。
④・⑤ 抽出液中の濃度は，茎(0.4mg/L)＜根(0.8mg/L)＜先端(1.2mg/L)であり，ともに誤り。

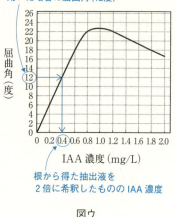
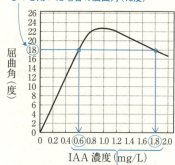

図ウ　　　　　　　　　　図エ

35　ジベレリンの作用に対する温度の影響
問1　⑤　問2　①　問3　②　問4　④

解説 ▶ 問1　記述ア〜ウを1つ1つ検討していこう。

ア．根の伸長量は，GA投与なしのときもGA投与ありのときも，どちらも16℃よりも22℃の方が大きく，正しい。

イ．実験結果を比較するときは，いろいろな要因を含む実験条件のうち，**1つの要因だけが異なる組合せで比較**する。伸長量の差について考えるときも，「22℃・GA−」(58cm)と「16℃・GA+」(45cm)では，温度とGAの有無という2つの要因が異なっているため，どちらの要因が伸長量の差に影響しているのか(もしくはしていないのか)は判断できない。よって誤り。

ウ．根の伸長量は，16℃，22℃いずれにおいても，GA投与なしよりもGA投与ありの方が大きく，正しい。

根温	GA投与	根の伸長量(cm)
22℃	GA投与なし + 22℃の方が伸長量大きい	58 / 65
16℃	GA投与あり 22℃の方が伸長量大きい	45 / 59

根温	GA投与	根の伸長量(cm)
22℃	22℃ − GA投与ありの方が伸長量大きい	58 / 65
16℃	16℃ − GA投与ありの方が伸長量大きい	45 / 59

問2，3　リード文に，以下の内容が記されている。
・GAは根の伸長を促進する

・GA は *GA3ox* の働きにより合成される
・*GA2ox* は GA を不活性化する

　表2より，GA の合成に働く *GA3ox* の発現量は 16℃ よりも 22℃ の方が多いので，根における GA 量は 16℃ よりも 22℃ の方が多いと予測される。また，GA を不活性化する *GA2ox* の発現量は 16℃ よりも 22℃ の方が少ないので，GA の活性は 22℃ の方が高いと予測される。よって，活性をもつ GA 量は 16℃ よりも 22℃ の方が多いと予測される。問2は①が正しく，問3は②が正しい。

問4　実験1から明らかになったことは，根の伸長量は 16℃ よりも 22℃ の方が大きいことで，実験2から明らかになったことは，GA の合成に働く遺伝子の発現量は 16℃ よりも 22℃ の方が多いことと，GA の不活性化に働く遺伝子の発現量は 16℃ よりも 22℃ の方が少ないことである。しかし，各温度における実際に活性をもった GA の量を測定しているわけではなく，「活性をもつ GA 量により伸長成長が変化する」という仮説を明確に証明したことにはならない。よって④が正しい。

36　気孔の開閉と光
問1　(1)　②　　(2)　④
問2　C_3 植物 - ①　　CAM 植物 - ⑥

解説 ▶ 問1　気孔の開閉は，孔辺細胞の膨圧変化による。

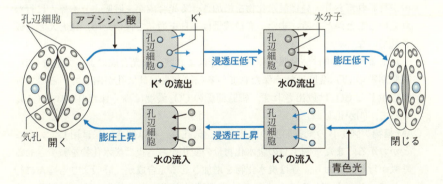

(1) ①孔辺細胞の膨圧を低下させた状態や，③孔辺細胞の浸透圧を一定にした状態では気孔の開閉は起こらないので，光照射が気孔の開閉に及ぼす影響を調べることはできない。よって②が正しい。

(2) それぞれの仮説が正しい場合，(1)で選んだ②「薬剤で孔辺細胞の光合成反応を阻害した状態で，強い赤色光を当て続けた」ときに予想される結果はどのようになるだろうか。各条件での時間経過にともなう気孔開度(相対値)は次ページの表のようになっていた。

光を当て始めてからの時間（時間）	0	1	2	3	4
条件(a)　強い赤色光	0	2	3	3	3
条件(b)　強い青色光	0	9	10	10	10
条件(c)　強い赤色光 → 強い赤色光 & 弱い青色光	0	2	3	10	10

仮説1：「赤色光と青色光はそれぞれ独立に気孔の開口を引き起こす。いずれの反応も孔辺細胞の光合成反応とは関係ない」が正しい場合，光合成反応を薬剤で阻害しても気孔の開口には影響しない。よって，強い赤色光のみを当て続けた条件(a)と同じ結果になると考えられ，4時間後の気孔開度は3となる。

仮説2：「青色光もしくは赤色光のどちらの光でも引き起こされる孔辺細胞の光合成反応と，青色光だけに引き起こされる反応の2つの反応が気孔の開口に関わっている」が正しい場合，薬剤で光合成反応を阻害したことにより，光合成による気孔の開口は起こらない。さらに，光合成が関わらない気孔開口は青色光だけによって引き起こされるため，強い赤色光のみを当てても気孔開口は起こらない。よって4時間後の気孔開度は0となる。

問2　図1からわかるC_3植物とCAM植物の特徴をまとめると，次のようになる。

C_3植物：図1Aの気孔開度の変化から，気孔は，夜は閉じ，昼は開いていることがわかる。また，図1Cの炭水化物量の変化から，夜は炭水化物を減少させる呼吸が行われており，昼は炭水化物を増加させる光合成が，呼吸よりも盛んに行われていることがわかる。また，有機酸量は1日を通じて低いため，ほとんど合成されていない。

　以上より，日中は，呼吸で生じるCO_2はより盛んな光合成によって消費され，細胞間隙のCO_2濃度は低く保たれている（ a ）。夜間は気孔が閉じているので呼吸で生じるCO_2は放出されず，細胞間隙のCO_2濃度は高く保たれている（ d ）。よって，①が正しい。

CAM植物：図1Bの気孔開度の変化から，気孔は，夜は開き，昼は閉じていることがわかる。また，図1Dの炭水化物量の変化から，夜は炭水化物を減少させる呼吸が行われており，昼は炭水化物を増加させる光合成が，呼吸よりも盛んに行われていることがわかる。また，C_4有機酸は夜間に合成され，日中に消費されることがわかる。

　以上より，日中は気孔を閉ざし，呼吸で生じるCO_2はより盛んな光合成によって消費されるが，それ以上に夜間に合成したC_4有機酸からCO_2が遊離するため，細胞間隙のCO_2濃度は高く保たれている（ b ）。夜間は気孔を開きCO_2を固定してC_4有機酸を合成しており，さらに呼吸で生じるCO_2もC_4有機酸へ変換されるため，細胞間隙のCO_2濃度は低く保たれている（ i ）。よって，⑥が正しい。

37	植物の防御応答に働く遺伝子						
ACS1	ACS2	ACS3	ACS4	ACS5	ACS6	ACS7
①	①	②	①	②	①	①

解説 ▶ **実験1**から得られた，もとの植物および各変異体がもつ7個のACS遺伝子の種類と，病原菌を接種して48時間後までのエチレン生産量をまとめると，下表のようになる。

ACS遺伝子 ／ 植物体	ACS 1	ACS 2	ACS 3	ACS 4	ACS 5	ACS 6	ACS 7	エチレン生産量 （相対値）
もとの植物	○	○	○	○	○	○	○	100
acs2	○	×	○	○	○	○	○	80
acs1/2	×	×	○	○	○	○	○	60
acs1/2/3	×	×	×	○	○	○	○	60
acs1/2/4/5/6	×	×	○	×	×	×	○	20
acs1/2/3/4/5/7	×	×	×	×	×	○	×	20
acs1/2/4/5/6/7	×	×	○	×	×	×	×	ほぼ0

○…遺伝子をもつ　　×…遺伝子をもたない

リード文に「ACS遺伝子の発現はエチレンが生産されることを意味する」とあるので，**ある遺伝子の発現の有無に関わらず，病原菌接種後のエチレン生産量が同じであれば，その遺伝子は病原菌接種後のエチレン生産(防御応答)に関与しない**と考えられる。また，**ある遺伝子が発現しないと病原菌接種後のエチレン生産量が減少するならば，その遺伝子は病原菌接種後のエチレン生産(防御応答)に関与する**と考えられる。

複数の実験結果を比較するときには，いろいろな要因を含む実験条件のうち，1つの要因だけが異なる組合せで比較することに気をつけて，図1の結果を検討する。

● ACS1遺伝子

ACS遺伝子 ／ 植物体	ACS 1	ACS 2	ACS 3	ACS 4	ACS 5	ACS 6	ACS 7	エチレン生産量 （相対値）
acs2	○	×	○	○	○	○	○	80
acs1/2	×	×	○	○	○	○	○	60

ACS1遺伝子をもたないこと以外は要因が同じである *acs2* と *acs1/2* を比較すると，エチレン生産量はACS1遺伝子をもたない *acs1/2* の方が少ない。よってACS1遺伝子は防御応答に関与する。

● ACS2 遺伝子

ACS 遺伝子 植物体	ACS1	ACS2	ACS3	ACS4	ACS5	ACS6	ACS7	エチレン生産量 （相対値）
もとの植物	○	○	○	○	○	○	○	100
acs2	○	×	○	○	○	○	○	80

　ACS2 遺伝子をもたないこと以外は要因が同じであるもとの植物と acs2 を比較すると，エチレン生産量は ACS2 遺伝子をもたない acs2 の方が少ない。よってACS2 遺伝子は防御応答に関与する。

● ACS3 遺伝子

ACS 遺伝子 植物体	ACS1	ACS2	ACS3	ACS4	ACS5	ACS6	ACS7	エチレン生産量 （相対値）
acs1/2	×	×	○	○	○	○	○	60
acs1/2/3	×	×	×	○	○	○	○	60

　ACS3 遺伝子をもたないこと以外は要因が同じである acs1/2 と acs1/2/3 を比較すると，エチレン生産量に違いがない。よって ACS3 遺伝子は防御応答に関与しない。

● ACS6 遺伝子
　ACS6 遺伝子をもつが，他の ACS 遺伝子はもたない acs1/2/3/4/5/7 のエチレン生産量は，病原体未接種時に比べて病原体接種時に増加している。よって ACS6 遺伝子は病原体接種時に発現し，エチレンの生産を促進することで防御応答に関与する。

● ACS7 遺伝子

ACS 遺伝子 植物体	ACS1	ACS2	ACS3	ACS4	ACS5	ACS6	ACS7	エチレン生産量 （相対値）
acs1/2/4/5/6	×	×	○	×	×	×	○	20
acs1/2/4/5/6/7	×	×	○	×	×	×	×	ほぼ0

　ACS7 遺伝子をもたないこと以外は要因が同じ，acs1/2/4/5/6 と acs1/2/4/5/6/7 を比較すると，エチレン生産量は ACS7 遺伝子をもたない acs1/2/4/5/6/7 の方が少ない。よって ACS7 遺伝子は防御応答に関与する。

● ACS4 遺伝子と ACS5 遺伝子
　実験2では，もとの植物に病原体を接種した場合と未接種の場合の，各 ACS 遺伝子の mRNA 生産量を測定した。病原体未接種時と比べたときの接種時の mRNA は，実験1で防御応答に関わっているとわかった ACS2 遺伝子では大きく増加し，

防御応答に関わっていないとわかった ACS3 遺伝子では変化はみられずほぼ 0 のままであった。

ACS4 遺伝子は ACS2 遺伝子と同様の変化を示し，ACS5 遺伝子は ACS3 遺伝子と同様に変化はみられずほぼ 0 のままであったことから，ACS4 遺伝子は防御応答に関与し，ACS5 遺伝子は防御応答に関与しないと考えられる。

---

38 塊茎形成

問1 ③, ⑤　　**問2** (1) ①, ④　　(2) ⑤　　**問3** (1) ①　　(2) ④

解説 ▶ 問1　ジャガイモの塊茎形成に関して，リード文に「花芽と同様に，日長条件に左右される現象」であることが記されている。

● **実験1**　3つの日長条件と結果をまとめると，下表のようになる。

	日長条件	塊茎形成
日長条件1	16時間明期 ＋ 8時間暗期	×
日長条件2	8時間明期 ＋ 16時間暗期	○
日長条件3	8時間明期 ＋ 8時間暗期 ＋30分明期 ＋ 7時間30分暗期	×

塊茎形成：×…塊茎形成されない　○…塊茎形成された

これらの結果から，日長条件 1 および 3 のような長日条件（8 時間暗期）では塊茎は形成されず，日長条件 2 のような短日条件（16 時間暗期）で塊茎が形成されることがわかる。

また，部位ごとに日長条件を変えて栽培した結果からは，葉が短日条件であれば塊茎が形成される（葉が塊茎形成に適した日長条件を感受している）ことがわかる。

栽培条件		塊茎形成
葉	その他の部分	
日長条件1 （長日条件）	日長条件2 （短日条件）	×
日長条件2 （短日条件）	日長条件1 （長日条件）	○

なお，「上記のいずれの条件で栽培した場合でも，花芽は形成された」ことからは，ジャガイモの花芽形成に関する性質について詳細はわからず，花芽形成が日長の影響を受けない中性植物，もしくは限界暗期が 8 時間以下の短日植物，限界暗期が16時間以上の長日植物，いずれの可能性も否定できない。

● **実験2**　タンパク質Xの mRNA 量は，日長条件 1 と 3 では（差は認められるが）極めて少なく，日長条件 2 でのみ極めて多い。日長条件 1 と 3 で共通していて日長条件 2 でのみ異なる要因は暗期の長さなので，タンパク質 X の mRNA の生産は短日処理によって促進されるといえる。

52　第 4 章　植物の環境応答

日長条件		タンパク質 X の mRNA 量
日長条件 1	16時間明期 ＋ 8 時間暗期	少ない
日長条件 2	8 時間明期 ＋16時間暗期	多い
日長条件 3	8 時間明期 ＋ 8 時間暗期 ＋30分明期 ＋ 7 時間30分暗期	少ない

明期の長さは同じだが
mRNA の量は異なる。

明期の長さは異なるが
mRNA の量は同じ。

連続暗期が短い条件 1 と 3 では mRNA 量が少ない。
連続暗期が長い条件 2 では mRNA 量が多い。

明期の長さはタンパク質 X の mRNA 量に
影響を与えない。

① この仮説を否定するためには，ジャガイモの塊茎が，タンパク質 X の有無（もしくは作用の有無）によらず，ある日長条件により形成されることを調べて確認する必要がある。実験 1・2 からは，葉が短日条件に置かれるとジャガイモの塊茎が形成されることと，タンパク質 X の転写が短日条件下で起こることがわかるが，タンパク質 X が塊茎形成に作用するかしないかは判断できない。よって否定されない。

② 実験 1 において，ジャガイモの花芽はいずれの日長条件でも形成されており，日長条件と花芽形成の関係についての詳細はわからない。仮に限界暗期が 7 時間であった場合，日長条件 1（暗期 8 時間），日長条件 2（暗期16時間）はともに短日条件であり，「花芽は短日条件では形成されない」という仮説は否定される。しかし，仮に限界暗期が20時間であった場合，日長条件 1（暗期 8 時間），日長条件 2（暗期16時間）はともに長日条件であり，「花芽は短日条件では形成されない」は否定も肯定もされない。すなわち，この仮説はジャガイモの限界暗期が何時間であるかが不明であるため，否定も肯定もできない。

③ 実験 1 の日長条件 1 〜 3 における連続暗期の長さはいずれも 7 時間より長い。よって，ジャガイモの塊茎形成における限界暗期が 7 時間であるならば，日長条件 1 〜 3 での塊茎形成の結果はすべて同じとなるはずであり，この仮説は否定される。

④ 塊茎形成が誘導されたのは短日処理が行われ，かつタンパク質 X の mRNA 量が増加した日長条件 2 のみであった。しかし，

・短日処理のみが必要であった

・タンパク質 X 産生量の増加のみが必要であった

・短日処理とタンパク質 X 産生量の増加の両方が必要であった（④の仮説）

という 3 つのいずれが正しいのかは判断できず，この仮説は否定されない。

⑤ 実験 2 において，タンパク質 X の産生は短日条件でのみ促進されており，この仮説は否定される。

問2 実験3と実験4の結果からわかることは以下の通り。

●**実験3** 日長条件1（長日条件）で栽培した野生型は，塊茎を形成しない（実験1より）。タンパク質Xを大量に産生する遺伝子組換えジャガイモを日長条件1で栽培すると塊茎を形成することから，ジャガイモにおける塊茎形成誘導は，短日条件でなくともタンパク質Xが存在すれば起こることがわかる。

●**実験4** 日長条件2（短日条件）で栽培した野生型は，塊茎を形成する（実験1より）。タンパク質Xの産生が抑制されたジャガイモを日長条件2で栽培すると塊茎形成が抑制されたことから，ジャガイモにおける塊茎形成誘導は，短日条件であってもタンパク質Xが存在しないと起こらないことがわかる。

(1) 以上より，**実験3・4により新たに否定される仮説**は，「塊茎形成とタンパク質Xの作用が無関係」としている①と，「塊茎形成誘導にはタンパク質X産生量の増加と短日処理の両方が必要」としている④である。

(2) ジャガイモにおける塊茎形成誘導は，日長条件によらずタンパク質Xが存在すれば起こったので，⑤が正解。

問3 実験6で用いたタバコの花芽は，日長条件1（長日条件）で形成され，日長条件2（短日条件）で形成されなかった。よって，このタバコは長日植物であり，長日条件でフロリゲンが合成されると考えられる。フロリゲンがタンパク質Xと同じように作用すると考えて，(1)・(2)の結果を予想する。

(1) 日長条件1ではフロリゲンが合成され，塊茎と花芽がともに形成されると予想できる。よって①が正解。

(2) 日長条件2ではフロリゲンが合成されないため，塊茎と花芽はともに形成されないと予想できる。よって④が正解。

---

39 エチレン産生能と感受性

問1 ②，④，⑦

問2 ア，イ-①，④ ウ，エ-①，③ オ-① カ，キ-②，③ ク-① ケ-③ コ-②

解説 ▶ リード文の内容を確認しよう。

・‘つがる’に比べ，‘ふじ’の方が品質を長期間保持できる。

・この品質保持には「果実の成熟を促進するホルモン」が関わる。

問1 「果実の成熟を促進するホルモン」が作用すると成熟が進むため，品質を長期間保持しにくい。よって，このホルモンの作用を‘ふじ’は受けにくく，‘つがる’は受けやすいと考えられる。

← ※1 「感受性が高い」＝作用を受けやすい。

よって，‘つがる’と‘ふじ’を比較すると，「‘つがる’の方がホルモンに対する感受性が高い※1」もしくは「‘つがる’の方がホルモン産生能が高い※2」，という性質が

← ※2 「産生能が高い」＝ホルモン合成が盛んに起こる。

54 第4章 植物の環境応答

考えられ，このうち**少なくともいずれか一方が成立**していると考えられる。
選択肢を整理すると，下表のようになる。

リード文から考えられる性質	ホルモン感受性 'つがる'＞'ふじ'	ホルモン産生能 'つがる'＞'ふじ'	←少なくともいずれか一方が成立
①	'つがる'＝'ふじ'	'つがる'＜'ふじ'	∴ 否定される
②	'つがる'＞'ふじ'	'つがる'＝'ふじ'	∴ 否定されない
③	'つがる'＜'ふじ'	'つがる'＝'ふじ'	∴ 否定される
④	'つがる'＝'ふじ'	'つがる'＞'ふじ'	∴ 否定されない
⑤	'つがる'＝'ふじ'	'つがる'＝'ふじ'	∴ 否定される
⑥	'つがる'＜'ふじ'	'つがる'＜'ふじ'	∴ 否定される
⑦	'つがる'＞'ふじ'	'つがる'＞'ふじ'	∴ 否定されない

問2 **実験1**：「成熟'ふじ'の果実のホルモンの産生能を調べる」ことが目的なので，密閉容器1には，**成熟'ふじ'**（④）が産生したホルモンが作用する果実として，ホルモンを産生しない**未熟'つがる'**（①）を用いる。対照実験の密閉容器2には，ホルモンを産生する**成熟'つがる'**（③）と**未熟'つがる'**（①）を入れる。この場合，未熟'つがる'は成熟する。成熟'ふじ'と組み合わせた**未熟'つがる'**（①）の成熟度によって，成熟'ふじ'の果実のホルモンの産生能を調べることができる。

実験2：「未熟'ふじ'の果実のホルモンに対する感受性を調べる」ことが目的なので密閉容器3には，**未熟'ふじ'**（②）に作用するホルモンを産生する果実として，**成熟'つがる'**（③）を用いる。対照実験の密閉容器4には，**成熟'つがる'**（③）とホルモンに対する感受性をもつ**未熟'つがる'**（①）を入れる。この場合，未熟'つがる'は成熟する。成熟'つがる'と組み合わせた**未熟'ふじ'**（②）の変化を，成熟'つがる'と組み合わせた**未熟'つがる'**（①）の成熟度と比較することによって，未熟'ふじ'の果実のホルモンに対する感受性を調べることができる。

容器	エチレン産生	エチレン受容	結果
1	成熟'ふじ'（④）	未熟'つがる'（①）	成熟度高 → 成熟'ふじ'はエチレン産生能が高い 成熟度低 → 成熟'ふじ'はエチレン産生能が低い
2	成熟'つがる'（③）		果実は成熟
3	成熟'つがる'（③）	未熟'ふじ'（②）	成熟度高 → 未熟'ふじ'はエチレン感受性が高い 成熟度低 → 未熟'ふじ'はエチレン感受性が低い
4		未熟'つがる'（①）	果実は成熟

55

> **40** アグロバクテリウム
> 問1 ② 問2 ア-⑥ イ-① ウ-⑤
> 問3 ⑧ 問4 ④

解説 ▶ **問1** 選択肢を1つ1つ検討していこう。

① 腫瘍形成能のあった系統のうち，Ti プラスミドの保持を調べた系統は一部である。調べた系統はいずれも Ti プラスミドをもっていたが，このことから「腫瘍形成能がある細胞は必ず Ti プラスミドをもっている」とはいえない。よって誤り。

② Ti プラスミドの保持を調べた腫瘍形成能のなかった系統の中には，Ti プラスミドをもつ系統が全くいなかった。Ti プラスミドをもつ系統は腫瘍形成能がある系統のみに限られていたことから，Ti プラスミド上には腫瘍形成に関係した（必要な）遺伝子が存在しており，Ti プラスミドをもたない系統は腫瘍形成能をもたない，という仮説が考えられる。よって正しい。

③ 腫瘍形成能のあった系統の中に Ti プラスミドをもたない系統が存在するとすると，Ti プラスミドは腫瘍形成に必要ではないということになり，誤り。

④ 仮説の根拠となるのは，「"腫瘍形成能のある系統"と"Ti プラスミドをもつ"ことは関連性が強かった」という事実であり，Ti プラスミドをもつが腫瘍形成能をもたない系統の存在は確認されていないので仮説の根拠にはならない。

問2 「Ti プラスミド上には腫瘍形成に関係した遺伝子が存在する」という仮説を検証するためには，Ti プラスミドをもつこと以外は差がない2つの実験群を用意し，Ti プラスミドをもつ実験群の細菌Aのみ腫瘍を形成することを確認すればよい。

Ti プラスミドは腫瘍形成能のある土壌細菌A（ ア ）がもつので，これから Ti プラスミド（ イ ）を取り出し，プラスミドをもたず腫瘍形成能のない土壌細菌A（ ウ ）に導入すると，仮説が正しければ，腫瘍形成能のない土壌細菌Aは腫瘍形成能を獲得する。

問3 腫瘍形成能のある土壌細菌Aがもち，感染したタバコ細胞の染色体 DNA に組み込まれる遺伝子 *tms*, *tmr*, *nos* のうち，*nos* はオピンの合成酵素の遺伝子，*tms* と *tmr* は植物ホルモンの合成酵素の遺伝子であることがわかっている。

これら3つの遺伝子のうち1つの機能を失わせた土壌細菌Aをタバコに感染させた結果をまとめると，右表のようになる。

tms	*tmr*	*nos*	感染部位
+	+	−	腫瘍が形成
+	−	+	根が分化
−	+	+	茎葉が分化

+…遺伝子をもたない　 −…遺伝子をもつ

植物ホルモンの合成酵素遺伝子である *tms* と *tmr* が組み込まれた細胞は，表1でオーキシンとサイトカイニンをともに高濃度で与えたときに生じるカルスに似た，不定形の細胞塊である腫瘍になった。また，*tms* のみが組み込まれた細胞は，サイトカイニンの濃度が0，オーキシンのみを与えたときと同じく根へ分化した。*tmr* のみが組み込まれた細胞は，オーキシンの濃度が0，サイトカイニンのみを与

56　第4章　植物の環境応答

えたときと同じく茎葉へ分化した。これらのことから *tms* はオーキシン合成酵素遺伝子であり，*tmr* はサイトカイニン合成酵素遺伝子であると考えられる。

a．タバコ細胞の腫瘍化は，土壌細菌Aの感染により，タバコの染色体DNAに組み込まれた *tms* と *tmr* により合成量が増加したオーキシンとサイトカイニンの作用によると考えられる。よって，腫瘍細胞と正常細胞をともに培養しても，腫瘍細胞内でのオーキシンとサイトカイニンの合成は続くため，腫瘍細胞の増殖は続くと考えられる。よって誤り。

b．「*nos* の遺伝子産物の機能を失わせた土壌細菌Aをタバコに感染させた場合は，腫瘍が形成された」ことから，*nos* の遺伝子産物から合成されるオピンは腫瘍化に必要ではない。よって誤り。

c．オーキシンとサイトカイニンの合成に働く *tms* と *tmr* はタバコの染色体DNAに組み込まれているため，土壌細菌Aを除いても，オーキシンとサイトカイニンの作用により細胞はカルスとして増殖すると考えられる。よって誤り。

d．土壌細菌Aが感染した腫瘍細胞では，土壌細菌A由来の *nos* 遺伝子はタバコの染色体DNAに組み込まれているため，転写が起こっていると考えられる。よって正しい。

e．腫瘍細胞が増殖するのは，腫瘍細胞内で合成量が増加しているオーキシンとサイトカイニンの作用によるので，土壌細菌Aそのものは増殖に必要ない。よって正しい。

f．土壌細菌Aが感染した腫瘍細胞では，土壌細菌A由来の *tms*, *tmr*, *nos* がタバコの染色体DNAに組み込まれている。正常のタバコ細胞の染色体DNAとは異なるので誤り。

問4　*tms* と *tmr* の2つの遺伝子の機能を失わせたことにより，この土壌細菌Aが感染したタバコ細胞ではオーキシンとサイトカイニンの合成量の増加は起こらず，オピンの合成のみが起こる。

① 根が分化するのはオーキシンの作用が大きいときであり，誤り。

② 茎葉が分化するのはサイトカイニンの作用が大きいときであり，誤り。

③・⑤・⑥ 腫瘍が形成されるのはオーキシンとサイトカイニンの合成量がともに多いときであり，いずれも誤り。

④ オピンは土壌細菌Aのみが利用するアミノ酸の誘導体で，植物細胞はオピンを合成しても利用することはない。よって，オピンの合成量が増加しても特に大きな形態変化はないと考えられ，正しい。

第5章 | 生態・進化

41 環境と分布
問1 ④ **問2** 雑木林：⑤ 果樹園：② 針葉樹林：⑥
問3 ⓪ **問4** ⑥ **問5** ⓪

解説 ▶ **問1** 仮説を検証するには，仮説が正しい場合に予想される結果と実際の結果を比較する。この設問の仮説Aの場合，比較するために，植被率に占めるオオバコの割合を計算して，表に付け加えればよい。

調査区の番号	1	2	3	4	5
踏み固めの程度	強	強	中	弱	弱
調査区の植被率（%）	10	30	60	80	90
オオバコの植被率（%）	0	10	20	10	0
植被率に占めるオオバコの割合	0	1／3	1／3	1／8	0

考察 a：踏み固めが弱いと植被率が高いので考察 a は妥当といえる。

考察 b：オオバコの割合に関する考察 b は，踏み固めの弱い区画4で割合が1／8と小さく，踏み固めが強い区画2で1／3と大きいので妥当ではない。

考察 c：踏み固めのない区画が調査されていないので判断できず，妥当とはいえない。

考察 d：妥当である。なぜなら，区画2と区画3は踏み固めの程度が違うのに割合が同じであり，区画1と区画2は踏み固めの程度が「強」だがオオバコの割合が異なる。これらの結果は，踏み固めの程度を「強中弱」で大雑把に評価するのでは不十分で，もっと細かく評価する必要があることを示しており，数値化することは妥当な方法である。

考察 e：妥当ではない。前述のように，仮説を正しいとして予想すると，区画1で割合が0になっている事実を説明できないためである。

問2 表1のデータをグラフ化する。表1の数値について平均をとると次のようになる。

	水分含量	大型種	小型種	大型種＋小型種	グラフ
雑木林	1.9	2.0	6.6	8.6	⑤
果樹園	3.78	4.4	11.8	16.2	②
針葉樹林	3.18	1.5	6.0	7.5	⑥

問3　前ページの表を,「平均値で 1.0 以上の差異がない場合は等しいもの」として,評価すればよい。すると,大型種では果樹園＞雑木林＝針葉樹林,小型種でも果樹園＞雑木林＝針葉樹林となる。したがって,仮説1と事実は,部分的にしか一致しないことになる。

問4　水分含量は,果樹園＝針葉樹林＞雑木林なので,種類数の多少(果樹園＞雑木林＞針葉樹林)とは,順序が一致しない。

問5　仮説3については,雑木林の中,果樹園の中,針葉樹林の中で比較する必要があり,グラフ化するには,縦軸に種類数・横軸に水分含量をとることになる(下図)。これでわかるように,いずれの環境においても,土壌の水分含量と種類数の間に明確な関係がみられないので,仮説3と結果は一致しないと判断できる。

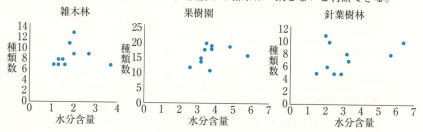

42　種間関係(1)

問1　①, ⑤　　問2　①
問3　ア-②　イ-①　ウ-⑥　または　ア-①　イ-②　ウ-④

解説▶　問1　設問文に「図1〜3の調査結果のみから論理的に」とあるので,知識や他の情報は使わない。

①　図3の内容をいっているので導ける。
②・③　死亡率のデータがないので導けない。
④・⑤　⑤は寄生者の数と魚の体の大きさの関係を示す図2から導ける。そして,体長が成長の結果であることを踏まえると,④は,グラフの傾向と逆の内容なので導けない。
⑥・⑦　寄生者の大きさのデータがないので導けない。

問2　A君の仮説が正しいなら,「体長が同じでも年齢の高い個体の方が寄生者の数は多く」なるはずなので,横軸に魚の体長・縦軸に寄生者の数をとったグラフでは,どの体長でも実線(年齢が高い)が点線(年齢が低い)より上にあるはずである(①・③・⑤)。また,「年齢が同じでも体長の大きい個体の方が寄生者の数が多い」のだから,実線・点線とも右上がりとなるはずである(①)。

問3　B君の仮説では,寄生者の数を,「年齢が高いほど体表の寄生者の数が多くなる」と説明している。そして,図3が示す「年齢が高いほど体長が大きい」という関係

を認めた上で,「体長と体表の寄生者の数」の関係は「見かけ上の関係」だとしている(体表の寄生者の数は体長と直接の因果関係はない)。

　仮説が正しいとした場合,**「体長が同じで年齢は異なる魚を比べると,年齢が高いほど寄生者の数が多い」**はずであり,また,**「年齢が同じで体長が異なる魚を比べると,体長によらず寄生者の数は同じ」**はずでもある。つまり,仮説を検証するための実験・調査として,2つの比べ方が可能なので,解答も2通りとなる。共通テストでは,このような複数の正解をもつ設問が出題される可能性もあるので,惑わされないようにしよう。

43　種間関係(2)
　問1　ア-ⓓ　イ-⑦　ウ-ⓑ　エ-ⓔ　オ-⑧
　問2　②
　問3　(ア)-③　　(イ)-②,⑧

解説 ▶ **問1**　共通テストでは思考力が問われるとはいっても,知識が問われないわけではない。この設問では,栄養形式(植物が独立栄養,動物が従属栄養)に関する知識と,生態系における物質生産(植物が生産者,動物が消費者)に関する知識,食物連鎖(植物が被食者,動物が捕食者)に関する知識を結びつけることを求めている。

> **POINT** │ 共通テストでは,教科書の離れたところにある関連する内容を結びつけて理解することが求められる可能性が高い。教科書の索引を使って読み比べておくなど,準備しておこう。

問2　利益と支出(コスト)という視点は,生物の適応や進化を考える上で重要である。この設問で扱っている事例では,植物にとって糖液(花蜜)を分泌することは糖液をつくるエネルギーを支出する(糖液という有用な物質を失う)ことを意味している(つまり支出・コストが増える)が,花粉が他の花に運ばれ受精するという利益を得ている(①は不適切,②は適切)。利益がないのに支出を増やすことは不利であり,そのような性質をもつ個体は自然選択で集団から排除されるはずなので,利益と支出が差引でプラスなので進化したと考えられる。しかし,支出を多くし過ぎれば利益との差引がマイナスになってしまう。したがって③のようなことは起こらない。また,④のように花蜜の量が少なくなり続けると,チョウが来なくなり花粉が運ばれなくなるので,このようなことも起こらない。

問3　実験(ア):どのような条件の比較になっているかを整理すると,人為的に塗布した糖液があるかないかでの比較になっている。このような比較をする場合,植

60 第5章 生態・進化

物自体は糖液を出さない種類を選ぶ必要がある。アカメガシワのように植物自身
が糖液を出している種類では，〈植物の糖液のみ〉と〈植物の糖液＋人為的に塗布
した糖液〉という比較になってしまい，仮説1を検証する上で有効な比較にならな
い。仮説2の検証には，糖液の有無は関係ないので，こちらも有効ではない。
実験(イ)：〈葉と葉を食べる昆虫〉と〈葉と葉を食べる昆虫とアリ〉という比較なの
で，アリの影響を調べる上で有効な比較になっており，仮説2の検証になってい
る(糖液については調べていないので，仮説1については検証できない)。仮説が
正しい場合，アリのいる方が食べられた葉の量が少なくなることが予想できるの
で，⑧が適切となる。

---

44 環境への適応(1)
　　　問1　(1)　B/C と C/B　　(2)　A/C と C/A，A/D と D/A，B/D と D/B
　　　問2　⑧

解説 ▶ **問1**　(1)　仮説を導くには，仮説の根拠となる事実が必要である。この設
　　問の仮説では，高温耐性となるかどうかについて「卵がもつ遺伝子」と「精子が
　　もつ遺伝子」を比較しなくてはならないが，このような比較をする場合，もって
　　いる遺伝子自体は同じでなければならない。B/C と C/B であれば，もっている
　　1対の遺伝子一方はB由来，他方はC由来という点では同じなので，B/C は高
　　温への耐性が低く，C/B は耐性が高いという，高温耐性の違いが，卵由来か精
　　子由来かという由来の違いと結びつけられるのである。

　(2)　図1に示されている組合せのうち，A/B と B/A は低温の島の個体どうしの組
　　合せ，C/D と D/C は高温の島の個体どうしの組合せなので，低温の島の個体と
　　高温の島の個体の組合せのうち調べられていないもの(A/C と C/A，A/D と D/
　　A，B/D と D/B)は調べる意味がある。仮にすべてで B/C と C/B の場合と同じ
　　結果が出れば(再現性があれば)，仮説はさらに確かなものとなる。

問2　下線部(b)に「月光が産卵に影響するという結果が得られている」とあるので，

これを前提として「潮汐とは無関係に
月光が関与していることを明らかにす
る」ということは，**潮汐が無関係**だと
いうことに検証の中心がある。潮汐と
月光という2つの要因を扱うことにな
るため，右表を見ればわかるように，
　「潮汐とは無関係」を示すには，潮

	月光(光の強さ)に変化がある	月光(光の強さ)に変化がない
潮汐(海水面の高さの変化)がある	(あ)	(う)
潮汐(海水面の高さの変化)がない	(い)	(え)

汐がある条件(自然界)と潮汐がない条件(人為的なプール)で，同じ結果が得られる
必要がある。

　　月光が当たらないように，あるいは一定の強さの光が当たるように，条件を工夫

して前ページの(あ)と(う)の比較を行い，差があった場合，月光が関与することは示せる。また，(い)と(え)の比較で差があった場合も，月光が関与することは示せる。下線部(b)は，こうした結果が示されたと述べている。しかし，(あ)と(う)で差があることだけ，あるいは，(い)と(え)で差があることだけでは，潮汐が影響を与えていないとは言い切れない。右上表のような可能性があるからだ。

	月光(光の強さ)に変化がある	月光(光の強さ)に変化がない
潮汐(海水面の高さの変化)がある	産卵する	産卵しない
潮汐(海水面の高さの変化)がない	産卵しない	産卵する

ある要因が，現象に無関係であることを示すには，その要因が変化しても，現象が変化しないことも示す必要がある。つまり，右下表のように，(あ)と(い)が同じ結果，(う)と(え)も同じ結果であれば，潮汐とは無関係に月光が関与すると示せる。

	月光(光の強さ)に変化がある	月光(光の強さ)に変化がない
潮汐(海水面の高さの変化)がある	産卵する	産卵しない
潮汐(海水面の高さの変化)がない	産卵する	産卵しない

設問を解く際には，実験の概略を述べた文を利用して考えればよい。すると，月光を人為的に変化させるのが難しいので自然界の月光の変化を利用し，潮汐の変化をなくすことで，上の表の(あ)と(い)を比べられることがわかるだろう。このとき，仮説が正しいならば，月光の影響だけを受けるので，同じタイミングで産卵するはずと予想できる。

---

45 種間関係と多型

問1 ④　問2 ①，④
問3 ア－③　イ－④　ウ－⑥　問4 エ－①　オ－③　カ－②

解説 ▶ **問1**　仮説の根拠となった事実と推論を整理すると次のようになる。

クモA種はアリB種ととても似た形，大きさである

　　→ クモA種はアリB種に擬態している(推論)
　　→ 擬態している理由に関する2つの仮説
　　　　(捕食仮説)アリを捕食するため
　　　　(防御仮説)アリに似せることで捕食者から身を守るため

この仮説について検証するための野外調査の結果を整理すると次のようになる。

クモA種は，アリB種もアリC種も捕食しない
　　→ 捕食仮説を支持しない

クモA種もアリB種も，種内に，黒色型と茶色型という2つの型がある
アリB種(黒，茶)のいる公園Xでは，クモA種の黒と茶は半々

アリC種(茶のみ)のいる公園Yでは,クモA種の茶のみ

> ── アリの体色の比率とクモの体色の比率に正の相関関係がある
> ── 捕食者がアリを嫌い,アリと似ているクモを食べない可能性
>   (間接効果)はある
> ── 防御仮説の可能性はある

問2 公園XにアリC種が侵入した場合,公園Yと同様のことが起こると推論できる。つまり,アリB種が減少し,やがて絶滅する。その影響で,クモA種の黒色型が減少し(①は不適切,②は適切),やがて絶滅する。観察結果(表2)を見る限りC種は茶色型のみ(③は適切)であり,外来性のC種に置き換わっている事実から,B種とC種ではC種の方が競争に強い(④は不適切)と判断できる。

問3 前提として与えられている条件のうち4つはハーディ・ワインベルグの法則の前提条件と同じである。さて,クモA種の黒色型の遺伝子型はMMとMm,茶色型はmmなので,C種の侵入前,クモA種の表現型の頻度が黒$\frac{1}{2}$・茶$\frac{1}{2}$のときの遺伝子頻度は,ハーディ・ワインベルグの法則を利用して求めるしかない。

ハーディ・ワインベルグの法則が成立する集団では,
$$\text{Mの頻度}=p \quad , \quad \text{mの頻度}=q \quad (p+q=1)$$
とすると,

$$\text{mm の頻度は} \quad q^2 \quad \text{なので,} \quad q^2=\frac{1}{2} \quad \text{から} \quad q=0.707\cdots \quad \cdots \boxed{ア}$$

また,C種が侵入してA種の表現型の頻度が黒$\frac{1}{3}$・茶$\frac{2}{3}$へと変化した後の時点について,
$$\text{Mの頻度}=p' \quad , \quad \text{mの頻度}=q' \quad (p'+q'=1)$$
とすると,

$$q'^2=\frac{2}{3} \quad \text{から} \quad q'=0.816\cdots \quad \cdots \boxed{イ}$$

$\boxed{ア}$ と $\boxed{イ}$ から, $\dfrac{0.816}{0.707}≒1.15$ 倍 $\cdots \boxed{ウ}$

になったと推論できる。解答の際には,選択肢を見て,$0.5≒0.7^2$,$0.67≒0.8^2$ と概算し,$\dfrac{0.8}{0.7}=1.14\cdots$ から⑥1.2を選べばよい。

問4 自然現象を**野外で調べる場合,比べたい要因だけが違い,それ以外の要因はすべて同じにすることは極めて困難である。そこで,条件を厳密にコントロールできる実験室での実験も行われる。**もちろん,実験室での結果がすべて野外でも成立する保証はなく,**両方の結果からの推論を組み合わせて,真理に迫っていく必要がある。**

さて，ここでは，**捕食仮説を検証する実験**が扱われている。仮説が正しいならば，黒色のクモA種は，茶色のアリB種を捕食できず(捕食しにくく)，黒色のアリB種を捕食できる(捕食しやすい)はずと予想できる。仮説が否定されるのは結果が予想と一致しなかった場合(①)，肯定されるのは結果が予想と一致した場合(③)である。②の場合，色については否定されるが，形の類似(擬態の一種の可能性)が否定されないので，判断できない。

---

46 環境への適応(2)
　　　問1　(1)　④　　　(2)　③
　　　問2　①－⑦　　　②－⑧　　　③－⑦

解説 ▶　**問1**　(1)　偶然による遺伝子頻度の変化は遺伝的浮動と呼ぶ。**遺伝的浮動は，集団が小さくなると大きく影響する**ことが知られている。

(2)　③は不適切なので正答となる。この文は，隔離による種分化を述べており，集団が小さくなると絶滅しやすくなる話とは異なる。

①　適切。個体数が減った結果，個体群密度が低下すると，雌雄の出会いが減る可能性がある。

②　適切。個体数が減ると集団に存在する遺伝子の多様性が低下する。たとえば，ABO式血液型には3つの対立遺伝子(A, B, O)があるが，1人がもつ対立遺伝子は2つなので，男女1人ずつになると，A, B, Oのうち1つないし2つが集団から失われる可能性がある(2人ともO型だとAとBがなくなる)。

④　適切。小さな集団では血縁個体どうしの交配によりホモ接合となる比率が高まる。

⑤　可能性はある。昆虫などを想定すると個体数が減ると捕食者が見つけにくくなるので，必ず起こるとはいえないが，植物のように動けないものや，大きくて見つけやすい場合には，起こる可能性はある。

問2　**仮説を検証する実験を選び，仮説が正しい場合の結果を予想する**設問である。仮説は，**果実にトゲをもつのはフィンチに食べられるのをふせぐため**と整理できるので，検証には，**トゲの有無や長さで食べられやすさを比較する実験**を行うことになる。

①　トゲの長い果実(A)とトゲの短い果実(B)の食べられやすさを，実験条件下で調べているので，仮説を検証することができる。仮説が正しいなら，トゲの長い方(A)が多く残るはずである(⑦)。

②　トゲのない果実(A)とトゲのある果実(B)の食べられやすさを調べているので，仮説を検証することができる。仮説が正しいなら，トゲのある方(B)が多く残るはずである(⑧)。

③　仮説が正しい場合，フィンチはトゲの短い果実を好んで食べるので，フィンチ

64　第5章　生態・進化

が多く，多くの果実が食べられる地域(A)では，トゲの長い果実が残るので，長さ
の平均がハマビシが実をつくった時点での長さの平均よりも大きくなるはずであ
る。一方，フィンチが少なく，果実があまり食べられない地域(B)では，トゲの長
い果実だけでなくトゲの短い果実も残り，長さの平均はハマビシが実をつくった
時点での平均に近いはずである。仮に，ハマビシのつくる果実のトゲの長さの平
均が2つの地域で同じだとしても，食べられずに残った種子のトゲの長さの平均
はAが大きいことが予想できる。また，この影響が続くと，ハマビシのつくる果
実のトゲの長さに地域差が生じる可能性もある（トゲの長い株の方が食べられに
くく有利となるので）。この観点からしても，フィンチの密度が高い地域(A)の方が，
密度の低い地域(B)よりも長さの平均は大きいはずである。よって，この方法でも
検証できることになる。

④　ハマビシの密度とフィンチのくちばしの大きさを比較しても，トゲの有無と食
べられやすさの違いについて知ることはできないので，仮説の正否を確かめる方
法として適切ではない。

47　ハーディ・ワインベルグの法則と塩基配列の多型
　問1　②，④，⑤
　問2　(イ)－⑤　　　(ロ)－③　　　(ハ)－②　　　(ニ)－⓪
　問3　(い)－⑤　　　(く)－②
　問4　①，③

解説▶　**問1　分子進化**（塩基配列やアミノ酸配列の進化）では，**不利になるような
突然変異は集団に残らず**，有利でも不利でもない**中立な突然変異の一部が遺伝的浮
動で集団に残る**ことが，種間の違いを生み出す原動力と考える（有利な突然変異は
生じる可能性が非常に低いので，通常は考慮しない）。下線部(a)の遺伝子内の翻訳
されない部分（イントロン）が変化しても，タンパク質の機能には影響がないので，
中立になりやすい（②・④は誤り）が，翻訳される部分（エキソン）が変化すると，タ
ンパク質の機能に影響が出る可能性があり，不利になりやすい（①・③は適切）。な
お，遺伝子と遺伝子の間の領域はイントロンとは呼ばないので，⑤は内容自体が誤
りである。

問2　DNA断片の長さが違う(イ)・(ロ)・(ハ)・(ニ)は，繰り返しの回数が異なるアリル（対
立遺伝子）と考えればよい。つまり，(あ)〜(こ)の10種類のアリルの組合せは10種類の
遺伝子型に相当する。

$$(イ)の頻度 = \frac{1}{2} \times (あ)の頻度 + \frac{1}{2} \times (い)の頻度 + \frac{1}{2} \times (う)の頻度 + (き)の頻度$$

$$= \frac{1}{2} \times \frac{8}{100} + \frac{1}{2} \times \frac{5}{100} + \frac{1}{2} \times \frac{25}{100} + 1 \times \frac{6}{100} = 0.25$$

(ロ)の頻度 $= \frac{1}{2} \times$ (あ)の頻度 $+ \frac{1}{2} \times$ (え)の頻度 $+ \frac{1}{2} \times$ (か)の頻度 $+$ (く)の頻度

$$= \frac{1}{2} \times \frac{8}{100} + \frac{1}{2} \times \frac{15}{100} + \frac{1}{2} \times \frac{3}{100} + 1 \times \frac{2}{100} = 0.15$$

(ハ)の頻度 $= \frac{1}{2} \times$ (い)の頻度 $+ \frac{1}{2} \times$ (お)の頻度 $+ \frac{1}{2} \times$ (か)の頻度 $+$ (け)の頻度

$$= \frac{1}{2} \times \frac{5}{100} + \frac{1}{2} \times \frac{10}{100} + \frac{1}{2} \times \frac{3}{100} + 1 \times \frac{1}{100} = 0.10$$

(ニ)の頻度 $= \frac{1}{2} \times$ (う)の頻度 $+ \frac{1}{2} \times$ (え)の頻度 $+ \frac{1}{2} \times$ (お)の頻度 $+$ (こ)の頻度

$$= \frac{1}{2} \times \frac{25}{100} + \frac{1}{2} \times \frac{15}{100} + \frac{1}{2} \times \frac{10}{100} + 1 \times \frac{25}{100} = 0.50$$

問3 ハーディ・ワインベルグの法則が成り立つと仮定するので，(イ)の頻度を p，(ロ)の頻度を q，(ハ)の頻度を r，(ニ)の頻度を s，$(p+q+r+s=1)$ とすると，

$$(p\,イ + q\,ロ + r\,ハ + s\,ニ)^2$$
$$= p^2 イイ + q^2 ロロ + r^2 ハハ + s^2 ニニ$$
$$+ 2pq\,イロ + 2pr\,イハ + 2ps\,イニ + 2qr\,ロハ + 2qs\,ロニ + 2rs\,ハニ$$

によって，それぞれの遺伝子型の頻度を求められる。(い)のタイプはイハ，(く)のタイプはロロなので，

(い) イハの頻度 $= 2 \times 0.25 \times 0.10 = 0.05$ ⟶ ⑤

(く) ロロの頻度 $= 0.15 \times 0.15 = 0.0225$ ⟶ ②

となる。

問4 2つの地域で，存在するアリル（対立遺伝子）は共通だが，アリルの頻度（遺伝子頻度）が異なるという事実が生じた理由をどのように説明するか。ここでは可能性の高い（妥当な）仮説を考えることになる。

① ・ ③ (イ)～(ニ)のアリルの間に有利・不利がなければ，遺伝子頻度の変化は遺伝的浮動で起きたことになるので，①・③は妥当である。

② 繰り返し数が変化する突然変異がそれぞれの集団で別々に起きたにも関わらず，たまたま，(イ)～(ニ)の4つになったというのは，可能性がゼロとはいえないが，妥当とは考えにくい。

④ (あ)・(き)・(く)のタイプの人だけになると，アリルの(ハ)と(ニ)が集団から消失するので，4つのアリルが存在していることを説明できない。よって妥当ではない。

⑤ 2つの地域の交流が活発になり，相互に移住し配偶者を得ることが多くなると，2つの集団の遺伝子頻度が近づいていく。したがって，違いがもたらされる理由とはいえず，妥当ではない。

66 第5章 生態・進化

---

48 自家不和合性
　問1　ア-① イ-④ ウ-① エ-④ オ-⑧ カ-① キ-⑤ ク-⑤
　問2　⑥

解説▶　問1　マルハナバチが「ランダムに」花にとまるとすると，はじめにとまった花がAタイプである確率は^ア$\boxed{p}$，Bタイプである確率は^イ$\boxed{1-p}$である。花粉をつけたハチが次の花に「ランダムに」とまるとすると，文の中に「はじめにとまる花と次の花が同じになることもあるものとする」とあるので，とまった花がAタイプである確率は^ウ$\boxed{p}$，Bタイプである確率は^エ$\boxed{1-p}$である。つまり，2つの花のタイプが異なる確率は　$p\times(1-p)+(1-p)\times p$　であり，「違うタイプの花の花粉がつけば必ず種子ができると仮定」した場合，「1匹のマルハナバチが個体群中の2つの花を訪れたときに個体群中の花に種子ができる確率」は^オ$\boxed{2p(1-p)}$となる。

　縦軸に種子のできる確率，横軸にAタイプの花の割合をとったグラフは，

　$y=2p(1-p)$　と表せるので，$\boxed{カ}$は①となる。

　$y=2p(1-p)=-2p^2+2p=-2(p-0.5)^2+0.5$　より

　$p=^{キ}\boxed{0.5}$で最大値^ク$\boxed{0.5}$をとる。

> **POINT**｜共通テストでは，自然現象を数量的にとらえる力を必要とする問題が出題される。生物では，生命現象を確率でとらえることが重要なポイントになる。そして，確率でとらえる場合，現象がランダムに起こると考えることになる。

問2　仮説1と仮説2の当否を考えるので，仮説から結果を予想し，実際と比べることになる。仮説1が正しいとすると，AタイプとBタイプをどのような組合せで受粉しても，同様に結実率が低いことが予想されるが，表1（実験1の結果）と表2（実験2の結果）は，いずれも，AタイプとBタイプの間での受粉の場合のみ結実率が高いので，予想と一致しない。つまり，**仮説1は表1・表2のいずれの結果によっても否定される**。仮説2では，昆虫の花粉媒介が理由とされているが，袋をかけて昆虫が訪花できなくしている実験1では，その影響が現れない。したがって，**表1（実験1の結果）は仮説2について何も明らかにしない（肯定も否定もしない）**。仮説2が正しいとすると，実験2では次のような結果が予想できる。

Aタイプの花（放置）：昆虫が運んだBタイプの花粉でのみ結実するので，昆虫が少ないと結実率は低い → 7％（実際と一致）

Aタイプの花（Aタイプの花粉を添加）：虫が運んだBタイプの花粉でのみ結実するので，昆虫が少ないと結実率は低い → 5％（実際と一致）

Aタイプの花（Bタイプの花粉を添加）：人工的に添加した花粉と昆虫が運んだBタイプの花粉で結実するので，結実率は高い → 98％（実際と一致）

Bタイプの花(放置)：昆虫が運んだAタイプの花粉でのみ結実するので，昆虫が少ないと結実率は低い → 2％(実際と一致)

Bタイプの花(Bタイプの花粉を添加)：昆虫が運んだAタイプの花粉でのみ結実するので，昆虫が少ないと結実率は低い → 3％(実際と一致)

Bタイプの花(Aタイプの花粉を添加)：人工的に添加した花粉と昆虫が運んだAタイプの花粉で結実するので，結実率は高い → 96％(実際と一致)

すべての結果が予想と一致するので，仮説2は肯定されることになる。

49 系統進化・分子進化
問1　②，④
問2　(1)　②
　　　(2)　ア-③　イ-②　ウ-③　エ-③　オ-⑤　カ-④　キ-⓪

解説 ▶ 問1　選択肢の図を利用して，どこで細胞群体が生じ，どこで多細胞が生じたかを示す矢印の**右の線の太さを変える**などして考えるとはっきりする。たとえば下図では，①と③では，単細胞から細胞群体，単細胞から多細胞とそれぞれが独自に進化し，②と④では，単細胞から細胞群体，細胞群体から多細胞が進化した様子が可視化されている。

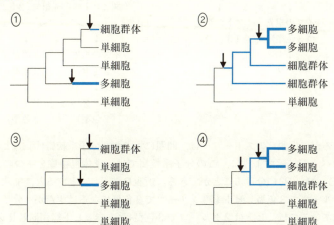

問2　(1)　図1から，5種類の視物質(ロドプシン・緑・青・紫・赤)の進化では，まず赤と(ロドプシン・緑・青・紫)が分かれ，その後，紫と(ロドプシン・緑・青)，青と(ロドプシン・緑)が分かれ，緑とロドプシンが最後に分かれた。つまり，**暗所視(薄暗いところでの視覚)に働くロドプシンが最も新しい**ので，色覚の方が先，暗所視が後と推論すればよい。よって②が正答となる。

(2) 5種類の視物質のうち，色覚に関与するのは4種類の錐体細胞の視物質(以下，錐体視物質)である。キンギョとトカゲは，緑・青・紫・赤の4種類の錐体視物質をもつので**4色型色覚**(　ア　・　ウ　)，カエルは緑以外の3種類の錐体視物質をもつので**3色型色覚**(　イ　)である。最初の陸上脊椎動物は両生類だが，カエルだけを根拠に最初の陸上脊椎動物が3色型と考えると，魚類(4色型) → 両生類(3色型) → 爬虫類(4色型)と，一度減った後で再び増えたという複雑なストーリー(変化が2回)になる。魚類(4色型) → 両生類(4色型) → 爬虫類(4色型)と考え，両生類の中でカエルが進化する過程で3色型になったとする方がストーリーが単純(変化が1回)になるので，最初の陸上脊椎動物は4色型と推理する方が妥当である(　エ　)。

分子系統樹(図1)に登場する哺乳類はヒト(3色型)とイヌ(2色型)なので，哺乳類の祖先は3色型だったと考えられる。すると，考察文で述べられている仮説Cと仮説Dは次図のように整理できる。単純に両者を比べれば，ストーリーがシンプルなのは仮説Cである。

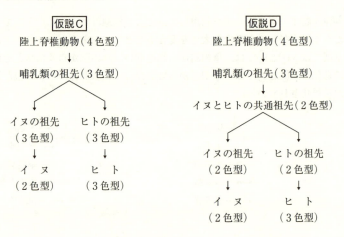

ところが，仮説Cのストーリーは，問題に示された分子系統樹(図1)と一致しない。次ページに示すように，この分子系統樹では，錐体視物質を4つのグループ(G・B・V・R)に分けることができる。仮説Cが正しいとすると，哺乳類の祖先は3グループで3色型，ヒトも3グループで3色型になるはずだが，分子系統樹に示されているのは，ヒトは2グループで3色型(ヒト赤とヒト緑が同じRグループ)だということである。つまり，仮説Cと分子系統樹は合致しないのである。一方，仮説D(　キ　)は，次のように考えれば分子系統樹と合致させることができる。ヒト(　カ　)とイヌ(　オ　)の共通祖先は2色型(VとRの2グループ)であり，ヒトとイヌが分かれた後で，ヒトにおいてRグループの中で錐体視物質が新たに生じ，3色型(VとRの2グループ)になった。

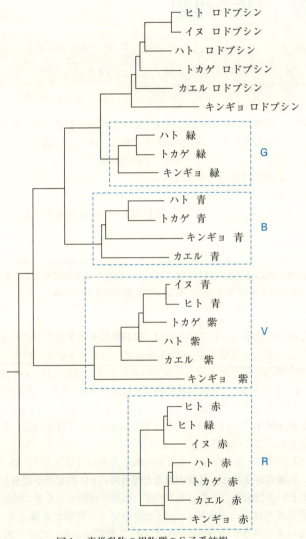

図1 脊椎動物の視物質の分子系統樹

> **POINT** どんなに美しくシンプルな仮説でも，事実と合致しない仮説は採用できない。

70 第6章 総合問題

第6章 | 総合問題

50
問1	②	問2	(1)	⑥	(2)	⑤	問3	②	問4	③

問5 ③　　問6 ②　　問7 ⑤

解説 ▶ 問1　発酵および微生物に関する知識を組み合わせて判断する。

a．正しい。枯草菌もシアノバクテリアも，細菌ドメインに属する。

b．誤り。ミドリムシ(ユーグレナ)は，単細胞真核生物である。

c．正しい。乳酸菌の乳酸発酵が関わるのは，ヨーグルト以外にもぬか漬けなど，いろいろとある。

d．誤り。酒の製造で用いられるのは酵母のアルコール発酵で，酵母はすべて真核生物である。

> **POINT**　授業で教わることだけが知識ではない。日常生活で見聞きすることが，生物学的などのような知識に対応するのか，結びつける意識が重要である。

問2 (1)　この設問で求められているのは，**実験結果を示すグラフから「事実」を読み取る**ことである。実験では，O157を単独で培養する条件(●)と，乳酸菌を加えて培養する条件(○)がある。単独で培養した場合(●)には，**pHがわずかに低下**(約6.2から約5)，**乳酸濃度がわずかに上昇**する(0から約2)ことが読み取れる。乳酸菌を加えて培養した場合(○)には，**pHが低下**し(約6.2から約3.8)，**乳酸濃度が上昇**する(0から約10)ことが読み取れる。「**最も適当**」という設問なので，**⑥を選ぶ**ことになる。

(2)　O157は乳酸菌とともに培養すると死滅するという事実から，O157が死滅したのは，**乳酸菌が生産した乳酸の濃度と培養液のpHの変化が複合して働いたためである**という仮説を立てたとあるので，**仮説を検証するための追加実験としては，乳酸濃度だけ変える実験と，pHだけを変える実験が必要**となる。そして，仮説を支持する結果が得られたのだから，乳酸濃度が高いだけ，あるいは，pHが低いだけの条件ではO157が死滅しないという結果が得られたはずである(次ページの表)。なぜなら，仮に，乳酸を10g/L含むpH3.5の培養液以外に，乳酸を10g/L含むpH6.2の培養液でもO157が死滅すれば，pHは関与せず乳酸濃度が関与することになり，乳酸を2g/L含むpH3.5の培養液でO157が死滅すれば，乳酸濃度は関与せずpHが関与することになるからである。この表と一致する選択肢はbとdなので，**⑤を選ぶ**ことになる。

	pH3.5	pH6.2
乳酸を 10g/L	O 157 は死滅する	O 157 は死滅せず
乳酸を 2g/L	O 157 は死滅せず	O 157 は死滅せず

> **POINT** 2つの要因の組合せで 2×2 の表になるような比較は，共通テストだけでなく，大学入試では重要なので，うまく比較できるように練習しておこう。

問3 設問文で「どのような利点があると考えられるか」と問われていることから，高い安定性を有し，環境中において生物による分解は起こらないと考えられてきた PET 樹脂を利用できれば，競争相手となる他種がいないはず，つまり**種間競争が回避されるはず**だということに気づけばよい。

① 種内競争は回避できないので誤りである。

③ 有機物を利用するのだから従属栄養生物であり，内容が誤っている。

④ 自然界で生活する以上，生態系において物質循環から切り離されるわけではない。むしろ，この細菌によって，PET が生態系における物質循環に組み込まれたというべきだろう。

問4 PETase の遺伝子を *I. sakaiensis* のゲノムから単離してベクターと連結すれば，大腸菌などの宿主に導入して PETase の生産を行うことが可能になる。設問では，それぞれの選択肢について，知識をもとに判断していくことになる。ただし，その際に「PETase を生産する *I. sakaiensis* は，15〜42℃ で生育可能な常温性の微生物である」という情報が重要になる。

③ 野生型 PETase の遺伝子を宿主の細胞内で発現させて，回収した菌体の破砕液を調製した場合，破砕液中の酵素は活性をもっているはずである。しかし，*I. sakaiensis* が常温性の微生物であるため，得られた破砕液を一度沸騰させてしまうと，酵素が熱変性により失活することが予想されるので，PET 樹脂と混ぜて最適温度・最適 pH で反応させても，分解は進まないと予想できる。よって，これを選べばよい。

① 野生型よりも熱安定性の高い変異型 PETase の遺伝子を得るには，*I. sakaiensis* に人為的に突然変異を誘発し，通常よりも高温で培養して増殖するものを選択するなどの方法がある。こうして得られた変異型 PETase の遺伝子も，宿主細胞内で発現させることは可能であり，菌体の破砕液と PET 樹脂を混ぜて最適温度で反応させれば，分解が進むと予想できる。

② 人為的に，強いプロモーターの下流に単離した野生型 PETase の遺伝子をつないで，宿主の細胞内で大量に発現させた場合，高濃度のタンパク質が凝集するといったことがない限り，活性をもった酵素が破砕液中に含まれるはずである。したがって，得られた破砕液と PET 樹脂を混ぜて，最適 pH・最適温度で反応す

第6章 総合問題

72 第6章 総合問題

れば，分解が進むと予想できる。

④ 発現したタンパク質を細胞外に分泌するような配列を付加するには，単離した PETase の遺伝子を含む DNA に，細胞外への分泌の目印となるペプチドのアミノ酸配列の情報をもつ DNA 断片を，読み枠を合わせて連結した遺伝子を人為的に作成する。こうした変異型 PETase の遺伝子を宿主で発現させれば，ポリペプチドが細胞外に分泌されるので，酵素を含む培養液と PET 樹脂を混ぜて反応させれば，分解が進むと予想できる。

⑤ 野生型と比較して高い分解活性を示す変異型 PETase の遺伝子を得るには，*I. sakaiensis* に人為的に突然変異を誘発し，通常よりも速く PET を分解する変異体を選択するなどの方法がある。こうして得られた変異型 PETase の遺伝子を，宿主の細胞内で発現させた場合，破砕液中には高い活性をもつ酵素が含まれているはずであり，PET 樹脂を混ぜて反応させれば，分解が進むと予想できる。

POINT 共通テストでは，与えられた情報だけで判断する実験考察問題も出題されるが，この設問のように，知識を使って判断するような設問も出ることが予想できるので，練習しておこう。

問5 リード文の「PETase は MHET をテレフタル酸とエチレングリコールに分解できないので，MHET を分解する別の酵素が存在することが示唆された」という部分に着目することが，判断の出発点となる。そして，リード文の「PETase と MHETase は，PET を栄養源として *I. sakaiensis* を培養した場合に，特に発現量が増加していた」という部分（この部分は，PET 樹脂を分解する際には，PETase と MHETase の両方が働くといっている）に着目すれば，**PETase と一緒に働く酵素を探す際には，PETase が発現する時に発現し，PETase が発現しない時には発現しない**（つまり，**発現パターンが PETase 遺伝子とよく似た挙動を示す**）遺伝子を探したはずだと判断できる。

問6 下線部(e)の内容を整理するのが出発点である。「MHET を分解して生育できる微生物に PETase の前身となる遺伝子の伝搬」があったと書かれているのだから，MHET を分解して生育できる微生物，つまり，**MHETase の遺伝子をもつが PETase の遺伝子はもたない微生物**がいて（c が妥当，d は妥当でない），そこに，他の微生物から **PETase の前身となる遺伝子（塩基配列は似ていたはず）が移動**したと考えられる。つまり，PETase 遺伝子と塩基配列がよく似た遺伝子を，*I. sakaiensis* 以外の微生物がもっていたと考えることになる（a が妥当，b は妥当でない）。

問7 呼吸商は，放出された二酸化炭素量／吸収された酸素量 で求められる。テレフタル酸（$C_8H_6O_4$）を呼吸によって CO_2 と H_2O に分解するのだから，その反応式を考えると，$2C_8H_6O_4 + 15O_2 \longrightarrow 16CO_2 + 6H_2O$ となる。

よって，呼吸商 $= 16/15 \fallingdotseq 1.07$ である。

51

問1	実験1−③	実験3−⑧	**問2** ②，③，⑤
問3	①，③，⑤，⑧，⓪		**問4** ②，③，⑤，⑧

解説▶ 問1 リード文に「**電極Xの電位から電極Yの電位を引いた電位差**」を測定したとあるので，**電極Yが基準電極**とわかる。実験1では，細胞内外の電位差を測定しているので，静止電位は負の膜電位として測定され，活動電位は一時的に電位が正となって負に戻るように測定される（よって③）。実験3では，離れた位置の細胞内どうしの電位差を測定しているので，静止電位は0となる。興奮は，Cから電極Y，電極Xという順に伝導する（進む）ので，膜電位の変化は2回測定される。そして，電極Yのところが興奮しているとき，電極Xのところの細胞内は負，電極Yのところの細胞内は正なので，最初に記録される電位の変化は負となる（よって，⑧）。

問2 それぞれの選択肢について判断していく。

① 誤り。実験2と実験3では，興奮の伝導方向が逆である。そのため，実験2で測定される記録は，実験3の場合と正負が逆になる。

② 神経に関する記述として適切。刺激を受けていない神経細胞の膜電位は静止電位であり，細胞の内側が負である。ただし，実験2・実験3では，内外の電位差を測定していないので注意が必要となる。

③ 適切。K^+の受動輸送（流出）が静止電位をつくり，活動電位における膜電位の逆転はNa^+の受動輸送（流入）による。

④ 誤り。髄鞘は絶縁体として働く。

⑤ 適切。神経伝達物質を含むシナプス小胞が細胞膜に融合することによって，神経伝達物質が放出される（エキソサイトーシス）。

⑥ 誤り。細胞質基質のCa^{2+}濃度が上昇するとエキソサイトーシスが引き起こされ，神経伝達物質がシナプス間隙に放出される。

問3 **複数の実験に関して組み合わせて考察するには，実験条件を整理して見通しをよくする必要がある。**整理の仕方は1通りではないので工夫すればよいが，丁寧にまとめると次ページの表のようになる。なお，実験としては説明されていないが，設問文に「通常の培養液では，未分化な状態を維持」とあるのも，表に加えている。

設問文と実験4の比較で，NGF添加で神経突起が出現することから，NGF受容体は神経突起の出現に関わる情報伝達に関与すると考えられる（①が適切）。

実験4と実験5の比較から，NGFが12〜48時間の間に伸長を促進しているので，NGF受容体は神経突起の伸長に関わる情報伝達に関与すると考えられる（③が適切）。

実験6と実験7で48〜72時間にNGFがあると生存，ないと細胞死，酵素Cを阻害すると細胞死せずなので，神経分化したP細胞では，NGFがないとタンパク質分解酵素Cが活性化する結果，アポトーシスが誘導される機構の存在が推定できる

第6章　総合問題

(⑤が適切)。

　実験8でタンパク質Wの活性化を阻害すると，NGFが存在しても神経突起が出現しなくなることから，Wが神経突起の出現に関与することはわかるが，突起の伸長が起こる12〜48時間については**実験がないので判断できない**(⑧が適切)。

　よって，全体として，NGFは，未分化P細胞の神経分化だけでなく，神経分化したP細胞の生存に関与するということができる(⓪が適切)。

	0〜1時間	1〜12時間	12〜48時間	48〜72時間
設問文	NGFなし	NGFなし 出現せず		
実験4	NGFあり	NGFあり 突起の出現	NGFあり 突起の伸長	
実験5	NGFあり	NGFあり 突起の出現	NGFなし 伸長なし	
実験6	NGFあり	NGFあり 突起の出現	NGFあり 突起の伸長	NGFあり 生存
	NGFあり	NGFあり 突起の出現	NGFあり 突起の伸長	NGFなし 細胞死
実験7	NGFあり	NGFあり 突起の出現	NGFあり 突起の伸長	NGFなし C阻害剤 生存
実験8	NGFあり W活性化	NGFあり 突起の出現		
	NGFあり W活性化阻害	NGFあり 出現なし		

問4　設問文で説明されている〔作業仮説〕を読解することが出発点だが，**このような機構に関する仮説では，図式化するのが重要になる**(下図)。

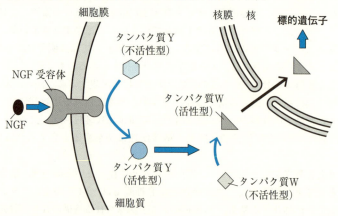

そして，これを踏まえて，選択肢を判断していく。

① 導入された遺伝子から発現する細胞外領域を欠いた NGF 受容体（変異受容体）と，正常な NGF 受容体が共存することになる。そのため，NGF を与えた場合，変異受容体に NGF は結合できず，NGF による作用はないが，正常な受容体に結合した NGF によってタンパク質 Y が活性化することが予想される（不適切）。

② 導入された遺伝子から発現する細胞質領域を欠いた NGF 受容体（変異受容体）と，正常な NGF 受容体が共存することになる。そのため，NGF を与えた場合，NGF の一部は変異受容体と一部は正常な受容体と結合することになり（言い換えると，NGF をめぐって，正常な受容体と変異受容体が競争することになり），導入しない場合に比べて，NGF と結合する正常な受容体の数が減る可能性があり，タンパク質 Y の活性化の度合いが下がる可能性がある（適切）。

③ タンパク質 Y の活性化を特異的に阻害すると，タンパク質 W の活性化は起こらないはずである（適切）。

④ タンパク質 W の活性化を特異的に阻害しても，NGF が NGF 受容体に結合すればタンパク質 Y の活性化は起こるはずである（不適切）。

⑤・⑥ タンパク質 Y をコードする遺伝子を欠いた細胞には，タンパク質 Y が存在しないので，タンパク質 W の核への移行は起こらないはずである（⑤は適切，⑥は不適切）。

⑦ DNA 合成を特異的に阻害した場合，細胞分裂（細胞増殖）は不可能になるが，転写・翻訳は可能なので，NGF による神経分化の誘導が阻害されるとは限らない（不適切）。

⑧ RNA 合成を特異的に阻害した場合，遺伝子の転写が起こらないので，神経分化は阻害されることが予想できる（適切）。

第6章 総合問題

76　第6章　総合問題

52

問1　ア−⓪　イ−⑤　ウ−②　エ−⑥　オ−ⓑ　カ−③
問2　②　　　問3　④　　　問4　⑨
問5　(1)　③　　　(2)　②　　　(3)　①　　　問6　⑥
問7　①　　　問8　②，④，⑦

解説 ▶　**問2**　ヒトゲノムの遺伝子は約2万個だが，選択的スプライシングによって，約10万種類のタンパク質が合成されると推定されている。ただし，1個の細胞が10万種類のタンパク質を合成するという意味ではない。また，リンパ球B細胞がつくる免疫グロブリン(BCR・抗体)や，リンパ球T細胞がつくるTCRの可変部の多様性は，通常，タンパク質の種類を考える場合には含めない。

問3　免疫グロブリンには，膜結合型と分泌型があり，膜結合型がBCR(B細胞受容体)，分泌型が抗体である。

問4　この設問では，細胞骨格の太さに関する知識(微小管＞中間径フィラメント＞アクチンフィラメント)と，細胞骨格とモータータンパク質の組合せに関する知識(微小管はキネシンとダイニン，アクチンフィラメントはミオシン)を結びつけることが求められている。

問5　(1)　解糖系は細胞質基質に存在する代謝系なので，それを構成する酵素を細胞外に分泌することはないと推論すればよい。

(2)　温度感受性の変異株の表現型から，変異したタンパク質の性質を推定することが求められている。注意が必要なのは，**「証明する」という話ではなく，「妥当な仮説を選ぶ」という話**だという点である。さて，表現型は，低温(25℃)では生育でき，37℃では生育できないというものなので，シンプルに考えれば，変異したタンパク質は25℃では機能し，37℃では機能しない(のだろう)と推論できる。

①　アミノ酸配列が変化しないので，タンパク質の性質は変わらないと考えられる(不適切)。

④　フレームシフトによりアミノ酸配列が大きく変わるので，低温で機能することを説明できない(不適切)。

②・③　③ではペプチドが短くなるので，その結果，機能が残り，熱変性しやすくなる可能性は低そうである(ゼロとはいえない)が，②のアミノ酸置換であれば，機能が残り，熱変性しやすくなることを説明しやすい。

よって，最も妥当なのは②ということになる。

(3)　粗面小胞体で合成された分泌タンパク質が，細胞外に分泌されるまでの経路の**模式図を描いて考える**と見通しが得られやすい。たとえば，次ページの図では，リボソームで合成された分泌タンパク質が，小胞体，輸送小胞，ゴルジ体，輸送小胞を経て，細胞外に分泌される経路を簡略化して示している。細かく言えば，リボソームは小胞体表面に結合しているが，この問題を考える上では重要な情報ではないので省略している。

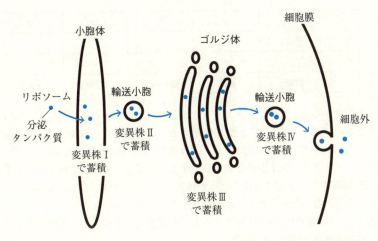

タイプⅠとタイプⅢの両方の変異をもつと，小胞体でタンパク質が蓄積し，それよりも下流には移動しないので，ゴルジ体に蓄積することはない。よって，①を選べばよい。

> **POINT** 図式化して考えるための模式図で，**厳密な正確さを求めるのは避けよう**。重要なのは，考えるべきことが明確になるように**不必要な情報を省略する**ことである。

問6 図2からは，同じ番号の v-SNARE と t-SNARE で，**膜融合の割合が高いこと**がわかる。この結果は，リード文の「それぞれ異なる v-SNARE を有する小胞は，対応する t-SNARE が存在する正しい場所で膜融合し，対応する t-SNARE が存在しない膜とは融合しない」に対応しており，リード文の「**この v-SNARE と t-SNARE の結合により小胞の膜と目的地の膜の融合が引き起こされる**」に結びつけて考えることになる。さて，設問文には，v-SNARE1 遺伝子に変異が生じるとタイプⅣ，v-SNARE3 遺伝子に変異が生じるとタイプⅡとあるので，上図と見比べれば，v-SNARE1 に対応する t-SNARE1 は細胞膜にあり，v-SNARE3 に対応する t-SNARE3 はゴルジ体にあることが推理できる（t-SNARE2 については情報がないが，選択肢は選べる）。

問7 設問文では，「シナプトタグミン1がカルシウムイオン（Ca^{2+}）存在下でt-SNARE タンパク質と相互作用することで，小胞の膜融合を促進する」という仮説が示され，「**仮説を証明するため**」の実験という"問題の土俵"が設定されている。さて，図3について，シナプトタグミン1も Ca^{2+} も添加しない条件 c を基準（対照）として，結果を整理すると次ページの表のようになる。

78 第6章 総合問題

	a	b	c	d
シナプトタグミン1	＋	－	－	＋
Ca^{2+}	＋	＋	－	－
促進・抑制	促進	変わらず	対照	抑制

　この表からは，シナプトタグミン1単独（d）では膜融合を抑制し（③は適切），シナプトタグミン1が Ca^{2+} と相互作用する（a）と膜融合を促進する（②は適切）が，Ca^{2+} 単独（b）では影響を与えない（④は適切）ことがわかる。しかし，Ca^{2+} 存在下でシナプトタグミン1が膜融合を促進するとしても，その際に相互作用する相手がt-SNARE タンパク質であるかどうかは判断できないので，①は不適切である。

問8　解答とならなかった文の誤りを正すと，次のようになる。

① 　ウニの卵細胞に精子が到達すると，卵細胞質のカルシウム濃度が高まり，表層粒の内容物が放出される。

③ 　トロポニンがカルシウムイオンと結合すると，トロポミオシンの構造が変わり，筋原繊維を構成するタンパク質が相互作用して，筋収縮が起こる。

⑤ 　平衡感覚器官のひとつである前庭では，炭酸カルシウムでできた平衡石（耳石）が重要な役割を果たしている。

⑥ 　硬骨魚類の骨格は，淡水生活で不足しがちなカルシウム塩の貯蔵場所として発達した。

⑧ 　副甲状腺から分泌されるパラトルモンは，血液中のカルシウムイオン濃度を上昇させる。

〔大学入学共通テスト 生物 実戦対策問題集 別冊〕佐野・山下　　　　　　　　　S0b087